index

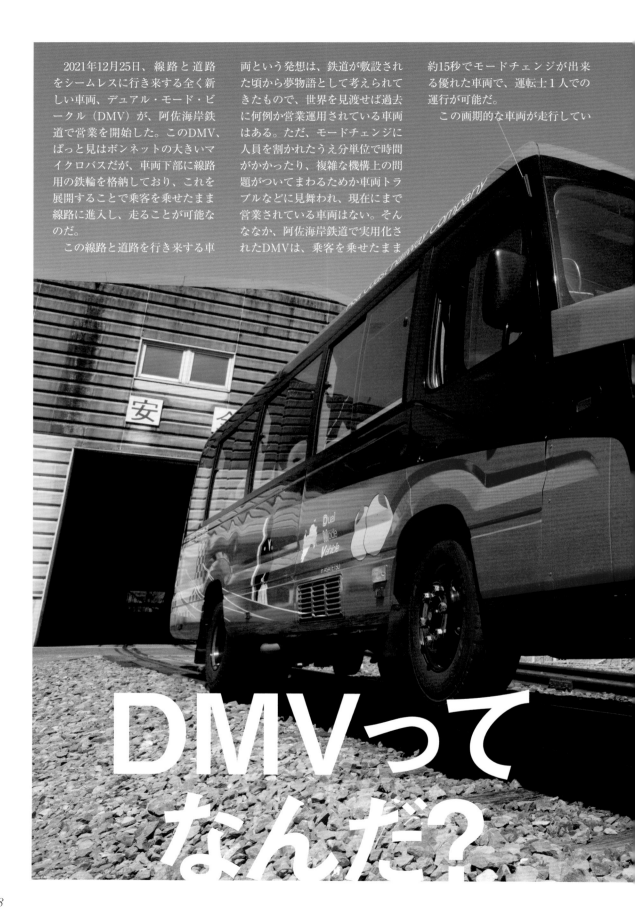

2021年12月25日、線路と道路をシームレスに行き来する全く新しい車両、デュアル・モード・ビークル（DMV）が、阿佐海岸鉄道で営業を開始した。このDMV、ぱっと見はボンネットの大きいマイクロバスだが、車両下部に線路用の鉄輪を格納しており、これを展開することで乗客を乗せたまま線路に進入し、走ることが可能なのだ。

この線路と道路を行き来する車両という発想は、鉄道が敷設された頃から夢物語として考えられてきたもので、世界を見渡せば過去に何例か営業運用されている車両はある。ただ、モードチェンジに人員を割かれたうえ分単位で時間がかかったり、複雑な機構上の問題がついてまわるためか車両トラブルなどに見舞われ、現在にまで営業されている車両はない。そんななか、阿佐海岸鉄道で実用化されたDMVは、乗客を乗せたまま約15秒でモードチェンジが出来る優れた車両で、運転士1人での運行が可能だ。

この画期的な車両が走行してい

DMVって なんだ?

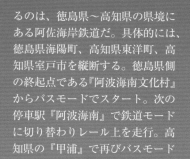

るのは、徳島県〜高知県の県境にある阿佐海岸鉄道だ。具体的には、徳島県海陽町、高知県東洋町、高知県室戸市を縦断する。徳島県側の終起点である『阿波海南文化村』からバスモードでスタート。次の停車駅『阿波海南』で鉄道モードに切り替わりレール上を走行。高知県の『甲浦』で再びバスモード

に変わり、『海の駅東洋町』へと向かう。平日はこの後、『道の駅宍喰温泉』に向かい、再び阿波海南文化村へと折り返すルートをたどる。だが、土日祝は1往復のみ、道の駅宍喰温泉には行かず、そのまま国道55号線を南下し、室戸岬を越えて最遠端の終起点『海の駅とろむ』まで到達するのだ。

この路線、鉄道はほぼ全線高架で見晴らしがよく、またバスで走行する大部分が海岸線を走る道路。

また観光地をつなぐように停留所が設けられており、四国の右下を観光して回るのにもってこいの路線なのだ。

さて、とても簡単にDMVの概要を説明したが、実はこの車両、従来の鉄道とは全く性質の違ったものだ。本書では、DMVが一体どんなものなのかに迫りつつ、阿佐海岸鉄道沿線の観光スポット、開発に至る過程などを詳しく追っていく。

海岸沿いを通る国道55号線を通り室戸岬をまわるDMV。一般道を走る姿は普通のバスそのものだ

一瞬で
切り替わる
2つのモード

　線路と道路、2つの走行モードを持つ車両ということで、Dual Mode Vehicleだ。しかし両モードの切り替えに時間がかかっては利便性が薄い。阿佐海岸鉄道で走行するDMVでは、乗客を乗せたままわずか15秒でモードチェンジ。超短時間で切り替えられる営業運転車は、まぎれもなく世界初だ。

　バスモードでは通常のマイクロバスと同様に、前輪ステアリング後輪駆動で走行する。鉄道モードではレール上を走るために車両前後に鉄輪を出す。この際、ゴムタイヤ前輪はレールに接地せずステアリングはロックされる。ゴムタイヤ後輪はレールに接地し、これを駆動力として走行する仕組みだ。

図面上の名称は「軌道走行姿勢」。鉄道用の車両としてレール上を走行するため、車両前後に格納されている『ガイド輪』と呼ばれる鉄輪が出る。前ガイド輪は前タイヤをレールに接地しないように、車両前部を持ち上げる。後ガイド輪は、レールを保持しつつ、後輪の駆動力をレールに適切に伝えられるようにバランスを調整する役割を担う。また、前輪が万が一にもレールに接触しないように若干車両側に引きこまれるようになっている

Rail Mode

15sec

Road Mode

図面上の名称は「道路走行姿勢」。マイクロバスとして道路を走行するためのモードだ。TOYOTAのマイクロバス『コースター』のロングボディタイプがベースとなっており、大きく張り出したボンネット部分に鉄道用の前ガイド輪が、トランクの下部にあたる部分に後ガイド輪が格納されている。このほか、様々な制御システムや装置が内蔵されており、人目にふれるところ以外は別物と言っていいくらい手が加えられている。

モードチェンジの
プロセスを
連続写真で解説

DMVは『モードインターチェンジ』と呼ばれるシステムの上で、鉄道モードとバスモードを切り替える。単純に前後のガイド輪が出るだけではなく、たった15秒の間で安全かつスムーズに変形が行われるようになっている。

前ガイド輪側からの
チェンジプロセス

Before   **After**

まず前ガイド輪が
降りはじめる

1   **2**

前ガイド輪が
レール面に接地

3   **4**

前ガイド輪が
より下がり、
車両前部が
持ち上がる

5

6

前ガイド輪が
下がりきる

7

後ガイド輪が
下がりはじめる

8

後ガイド輪が
レール面に接地

9

前輪が少し内側に
収納される

10

再び後ガイド輪が
動きはじめ
バランスをとる

11

後ガイド輪の
バランス調整が終わり
チェンジ完了

12

車両後部からモードチェンジのプロセス。前ガイド輪のような派手さはないが、実はこの後ガイド輪の動きが結構重要なポイントとなっている。車両の重量に合わせて、後ゴムタイヤと後ガイド輪の荷重のバランスが調整されているのだ。

このバランス調整は、乗降用ドアが閉まるたびに重量を測って行われる。

後ガイド輪側からの
チェンジプロセス

Before

After

モードチェンジ開始。前ガイド輪が下がる

1

リアグラスに映った景色で車両が傾いてるのが分かる

2

3 前ガイド輪が下がりきり、後ガイド輪が降りはじめる

4 後ガイド輪がレール面に接地

5 後ガイド輪がさらに降り、車両後部が持ち上がる

6 後ガイド輪が一度降りきる

7 バランスを整えるように一度後ガイド輪が少し動く

8 バランス調整が終わりチェンジ完了

DMVの車両各部

　DMVは普通の鉄道用車両より軽いため、線路の上を走るときに鉄道用の位置検知（短絡式）システムが使えない。そのため鉄輪の転がり（パルス）と赤外線（位置補正）を使った独自のシステムが採用されている。また、前後ガイド輪を格納・操作するためのシステムが組まれており、普通のバスや鉄道車両とは全く違ったものとなっている。ここではその一端を紹介。

各部名称

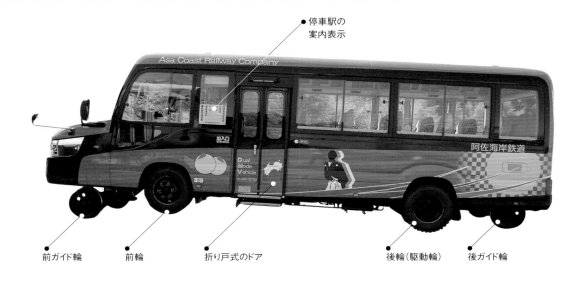

停車駅の案内表示

前ガイド輪　　前輪　　折り戸式のドア　　後輪（駆動輪）　後ガイド輪

案内表示

停車駅の案内表示。通常ルートを行く阿波海南文化村～道の駅宍喰温泉間のものと、休日往復一便のみの阿波海南文化村～海の駅とろむ間の2パターンがある

ドアとステップ

出入口のドアは、開くとステップが出るようになっている。道路の乗り降りだけでなく、駅ホームの乗り降りにも便利

ステップの展開するプロセス。車両下部からスイングするように出る。ステップの左先の緑色はDMVの駅ホーム

トランクルームではないトランク

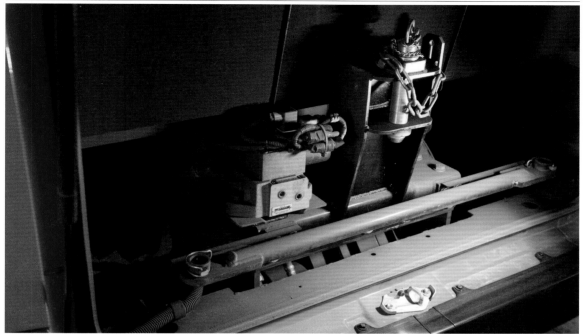

車両後部のトランクを開けた
ところ。中にはメカがぎっし
り……というわけではなく、

車両故障時に使用する救援用
の連結器。牽引機能だけしか
ない

トランクのハッチを開けている様子。
このように上に跳ね上がる

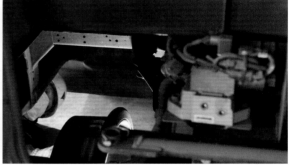

トランクのすぐ下には、後ガイド輪
が格納されている

車両底面

車両下部左側を後輪側からのぞいた
もの。センターは油圧用のタンク

車両下部右側を前輪側からのぞいた
もの。センターは油圧用の制御装置

ボンネット側底面

前ガイド輪を出した状態でのボンネットの内側。中央に見える2本の油圧シリンダーで車両を持ち上げている。シリンダーから伸びているパイプの先の筒状のものは油圧ポンプ

ボンネット部を左側からのぞいた状態。鉄輪を格納するためのスペースが意外と広い

ボンネット部を左側からのぞいた状態。右上の黒い柱状のものは、非常時の牽引用連結器

車両底面

前ガイド輪を格納した状態のボンネット。キレイに収まっているのが分かる

同じく格納した状態。車軸の右側に見える歯車は、速度や走行位置の計測・記録用

後ガイド輪を出した状態でのトランク側の内側。車両を持ち上げる前ガイド輪側と異なり、タイヤとのバランスを取るため油圧シリンダーは内側に置かれている。車軸の右側に見える歯車は、速度や走行位置の計測・記録用

背面側左側からのぞいた状態。フレームが車軸を避けるように弧を描いているのが分かる

背面側右側からのぞいた状態。駆動輪（内側タイヤ）にどれくらい荷重がかかっているか想像できる

後ガイド輪を格納した状態のトランク下。こちらも驚くほどきれいに収まっている

同じく格納した状態。センターにある筒状のものは油圧シリンダー用のポンプ

DMVの
車両内部

ベース車両の『コースター』ロングボディは、定員29人のマイクロバスだ。DMV化後の車体も同じく定員は29人なのだが、阿佐海岸鉄道では導入にあたって

メンテナンス性のしやすさや、折り畳み車いすの設置場所などを設けたため旅客定員は21名（座席18、立席3）となっている。また補助席はない。

車内客室

車両左側が二人席、左側が一人席。左からA、B、Dと番号が振られている（最後尾のみC席がある。シート生地は普通のバスと異なり、鉄道規格の難燃性のモケットが張られている。一番後ろの座席の上には避難はしごが格納されている

客室側から運転席側を見たもの。バス運行用の整理券、簡易な運賃箱が置かれている。右上の液晶モニタには、沿線の観光ビジュアルのほか、モードチェンジ時はモードチェンジの映像が見られる

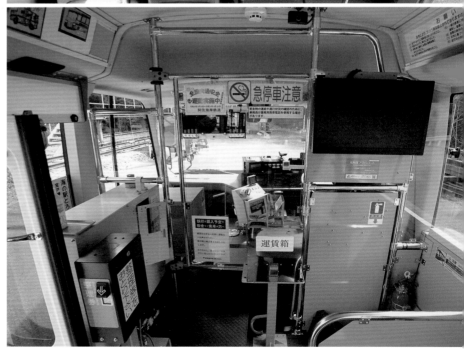

車両右側後部の2席は優先席。
DMVは基本的に予約が優先される
が、この2席（と立席）は予約画面で
の選択ができないようになっている

一人シートの一般座席。鉄道モード
時は必要ないが、バスモード時は一
般道を走るためシートベルトを締め
る必要がある

二人シートの一般座席。シートは肘
掛のないものだが、座り心地がよい。
オレンジのボールは手すり

座席上部。シート番号のほか、
空調の送風口、案内用のスピ
ーカーなどがある。このほか
運賃なども表示されている

降車ボタン。ただし、現在
DMVは各駅停車のため使用
されていない

路線バスとしての運行を行うシステムから、鉄道用の運行システム、DMVのモードチェンジや車両ステータスのチェックを行うシステムなど、ありとあらゆるものが集中している。これらの操作は基本的に運転士が一人で行えるように組まれている。

運転席

運転席俯瞰。元のマイクロバスのレイアウトを踏襲しながら、鉄道用のシステム、DMV用の制御パネルなどが配置されている。運転席左側は本来は一般座席だが、DMVの制御用コンピュータなどが置かれている。座席下への収納も可能だったが、メンテナンスのしやすさを考慮してこのような形になっている

ダッシュボードは元のままだが、その上に保安システム用の車内信号装置などが設置されている。奥には、車外灯のスイッチやバス関係のものが置かれている

運転席ドア側から。左側の赤いボタンは列車
非常用ボタン。これを押すと車両が緊急停止
するようになっている

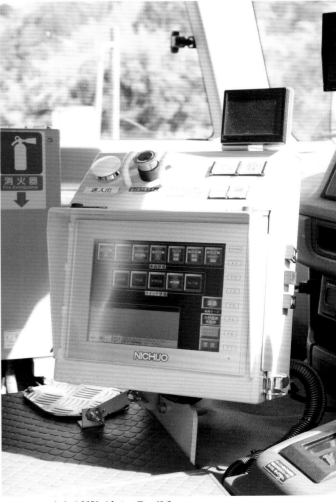

DMVのコアとなる制御パネル。モードチェ
ンジの切り替えから、車両各部に異常がない
かステータスを確認するモニタにもなってい
る。またシステム故障時に原因の切り分けと
復旧が出来るように、各部のマニュアル操作
などが行える

自動放送のスイッチ。ボックスの下には運転
士の足を見るためのドライブレコーダーがつ
いている（ブレーキ確認用）。赤いボタンは鉄
道モード時のEBスイッチ

車両前面に掲出される行先用の表示パネル。
アナログの表示方式となっており、行先別ご
とにパネルをずらして表示を変える。また電
照はヘッドライトと連動している

阿佐海岸鉄道DMV931形
『未来への波乗り』

Left side(Rail mode)

Left side(Road mode)

Front(Rail mode)

Front(Road mode)

2019年3月に完成した阿佐海岸鉄道のDMV1号車。ブルーのラッピングをしているが、これは阿佐海岸鉄道沿線のビーチをイメージ。特に宍喰ビーチや生見ビーチはサーフィンスポットとして有名。また宍喰は伊勢エビが有名なこともあり、宍喰駅では伊勢エビ駅長が就任しているほど。これらの要素から、伊勢えび駅長がサーフィンをしている姿が描かれ、未来へのチャレンジがコンセプトとなっている。

Right side(Rail mode)

Right side(Road mode)

Rear(Rail mode)

Rear(Road mode)

阿佐海岸鉄道DMV932形
『すだちの風』

Left side(Rail mode)

Left side(Road mode)

Front(Rail mode)

Front(Road mode)

2019年10月に完成した阿佐海岸鉄道のDMV2号車。阿波名産のすだちをイメージしたグリーンのラッピングとなっている。描かれているのは徳島県の鳥である白鷺で、さわやかな風に乗って空高く舞い上がる様子がイメージされている。

Right side(Rail mode)

Right side(Road mode)

Rear(Rail mode)

Rear(Road mode)

阿佐海岸鉄道DMV933形
『阿佐海岸維新』

Left side(Rail mode)

Left side(Road mode)

Front(Rail mode)

Front(Road mode)

2019年に10月完成した阿佐海岸鉄道のDMV 3号車。1号車は阿佐海岸鉄道沿線の阿佐東地域、2号車は徳島、3号車は高知にフォーカスした車両となっており、南国土佐の太陽をイメージした赤のラッピング。そして土佐藩輩出の英雄・坂本龍馬のシルエットが描かれ、地域活性化への維新を起こすイメージ。

Right side(Rail mode)

Right side(Road mode)

Rear(Rail mode)

Rear(Road mode)

DMVに
乗りに行こう

阿佐海岸鉄道ってどこにあるの?
どうやって行ったらいいの?
DMVの乗りかたは?
沿線の周りには何があるの?
そんな数々の疑問にお答えします。

　DMV面白そう!　乗りたい!　と思っても実はちょっと行きつくまでのハードルが高い。というのも、DMVの走る阿佐海岸鉄道は、四国の右下、徳島県と高知県にまたがる部分にあるからだ。

　四国在住や、関西圏、山陽地方の人は車や高速バスなどを使えばそこそこ便利に行けるが、それ以外の地域の人はなかなか大変だ。札幌からだと朝イチの飛行機で出ても阿波海南に着くのは夕方、名古屋や博多からは飛行機でも新幹線でも昼過ぎ、東京からは飛行機で昼前といった具合だ。というのも現地まで高速に到達できる交通手段がないからだ。直通する特急列車はなく、高速道路もない。

　ということで、高速に到達できる手段は少しあきらめて、のんびり旅をする方策を考えたほうが得だ。なぜなら、現地に到達するまでの間、なかなか風光明媚な場所を通っていくからである。となれば乗っているだけで運んでくれる鉄道やバスを使うとより楽しめるだろう（ただし現地では車があったほうが、食の選択肢が広がる）。

　ここでは、徳島空港を起点としたルートと、高知空港を起点としたルートを紹介しよう。どちらから向かっても、海と山を存分に味わえる旅になる。

ルート1

　まずは徳島空港から空港リムジンバスでJR徳島駅に出よう。

　徳島駅からの選択肢は基本的に牟岐線の鈍行一択だが、目的地の阿波海南駅までは乗っているだけで着ける（時間帯によっては乗り換えが必要）。乗車時間は約2時間だ。牟岐線には特急『むろと』も走っているが19時台にしかなく、しかも牟岐止まりで当日中に阿波海南に着けないので注意しよう。

　徳島を出ると車窓はしばらく住宅街などだが、約1時間後、阿南駅付近から景色が変わってくる。そこから約20

高知駅。JRの駅だが、
土佐くろしお鉄道への
直通列車が走っている

海側にバルコニーのついた
珍しい列車『しんたろう号』。
クジラを模したデザイン

JR土讃線　　後免　　立田

高知　　　　高知空港

土佐くろしお鉄道

ごめん・なはり線からの
眺望は最高

奈半利駅。ここで高知東部交通バスの
「室戸世界ジオパークセンター行き」に乗り換え

かつて鯨漁が盛んだった
歴史を持つ沿岸。それらの歴史が
わかる『鯨館』がある。
併設の『キラメッセ室戸』では
鯨料理も食べられる
（キラメッセ室戸で下車）

分後の由岐駅以降は、海や山や里山の風景を存分に楽しめる。ただしトンネルも多く、一部電波の入りが悪かったりアンテナが立たなかったりもする。

このルートのいいところは、阿波海南駅に到着後、そんなに待たずにDMVに乗れることだ。乗り継ぎも苦にはならないだろう。ただし阿波海南文化村方面の乗り継ぎは、時間帯によってかなり待たなければならないが、徒歩でも約15分だし、徳島バス南部で海部高校前停留所（阿波海南駅のすぐそば）から乗って、海南病院前で降りて歩く

という手もある。

また阿波海南駅の駅舎も兼ねる『阿波海南駅前交流館』にはコインロッカーが常設されているので、一度ここに荷物を預けておくのも手だ。

空港からの交通費	
リムジンバス	600円
牟岐線	1660円
計	2260円

牟岐線を走る車両は主に1両編成。
朝夕の徳島駅周辺は混雑する

JR牟岐線

阿波海南駅にある
『阿波海南駅前交流館』。ここを
ベース基地にしてDMVや
レンタサイクルなどで動き回るのが楽

阿波海南
文化村

阿波海南

海の駅東洋町

阿佐海岸鉄道

奈半利

高知東部交通

むろと廃校水族館

室戸世界ジオパークセンター

海の駅とろむ

室戸岬

● 徳島空港

徳島

徳島駅。JRホテルクレメントと
一体になっているので、
まずはここで一泊スタートもあり

おトクなきっぷ

公共交通を使ってDMVに乗りに行くなら、ぜひとも手に入れておきたいのが『四国みぎした55フリーきっぷ』だ。徳島駅〜DMV〜高知駅の区間を3日間自由に乗降できて、5500円（小児2750円）。左に挙げたルートとDMVがまるっとこのお値段で乗れてしまう。しかも当日購入OK。ただしDMVは自由席での利用となる。

注意したいのは発売箇所。JR四国のみどりの窓口、土佐くろしお鉄道の安芸駅、のいち駅、奈半利駅（の物産館）、阿佐海岸鉄道の宍喰駅のみだ。空港から徳島駅や高知駅に出る場合は、すんなり買えるが、直接立田駅に出た場合は、後免駅かのいち駅に出ないと購入できない。

ルート2

高知空港からは選択肢がいくつかある。空港リムジンバスでJR高知駅へ出てから直通列車で土佐くろしお鉄道ごめん・なはり線に乗るという手段。もしくは、空港からタクシーで最寄り駅の立田駅（ごめん・なはり線）に出る手段だ。空港から約3kmと近いので、タクシー代も1400円ほどだ（空港リムジンバスは740円）。

ごめん・なはり線も基本的には鈍行がメインで、快速は7時、8時、15時台にしかない。ただタイミングが合えば乗っておきたいのが、高知10：16発（立田は10：49発）の『しんたろう号』だ。ごめん・なはり線は基本的に高架の上を走る路線で、さらにルートの2/3ほどは沿岸を走るため晴れた日は青い海が広がっていてとても眺望がいい。しんたろう号はその沿岸側がなんとオープンデッキになっていて、動くバルコニーに乗っているかのような体験が味わえる。普通列車のため、指定券なども必要ない。

終点の奈半利駅まで約2時間。そこ

からは高知東部交通のバスで約1時間で室戸岬だ。休日かつ13時半までにたどり着ければここからDMVに乗ることが出来る（室戸営業所で降りて、海の駅とろむまで7分ほど歩く手もある）。そうでなければバスで終点の室戸世界ジオパークセンターまで行き、乗り継いで海の駅東洋町まで出ればDMVにたどり着ける。

空港からの交通費 (海の駅とろむ接続)	
リムジンバス	740円
ごめん・なはり線	1340円
高知東部交通	1100円
計	3180円

空港からの交通費 (海の駅東洋町接続)	
リムジンバス	740円
ごめん・なはり線	1340円
高知東部交通	1420円＋1310円
計	4810円

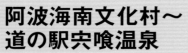

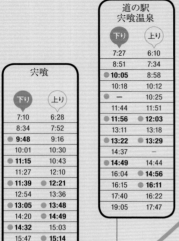

阿波海南

下り	上り
6:56	6:41
8:20	8:05
9:34	9:29
9:46	10:43
11:01	10:56
11:13	12:23
11:25	12:34
12:40	13:49
12:51	14:01
14:06	15:02
14:18	15:16
15:33	15:27
15:44	16:42
17:09	16:54
18:34	18:19

阿波海南文化村

下り	上り
6:52	6:45
8:16	8:09
9:30	9:33
9:42	10:47
10:57	11:00
11:09	12:27
11:21	12:38
12:36	13:53
12:47	14:05
14:02	15:06
14:14	15:20
15:29	15:31
15:40	16:46
17:05	16:58
18:30	18:23

道の駅宍喰温泉

下り	上り
7:27	6:10
8:51	7:34
10:05	8:58
10:18	10:12
—	10:25
11:44	11:51
11:56	12:03
13:11	13:18
13:22	13:29
14:37	—
14:49	14:44
16:04	14:56
16:15	16:11
17:40	16:22
19:05	17:47

宍喰

下り	上り
7:10	6:28
8:34	7:52
9:48	9:16
10:01	10:30
11:15	10:43
11:27	12:10
11:39	12:21
12:54	13:36
13:05	13:48
14:20	14:49
14:32	15:03
15:47	15:14
15:58	16:29
17:23	16:41
18:48	18:06

海部

下り	上り
7:02	6:36
8:26	8:00
9:40	9:24
9:52	10:38
11:07	10:51
11:19	12:18
11:31	12:29
12:46	13:44
12:57	13:56
14:12	14:57
14:24	15:11
15:39	15:22
15:50	16:37
17:15	16:49
18:40	18:14

海の駅東洋町

下り	上り
7:22	6:16
8:46	7:40
10:00	9:04
10:13	10:18
11:27	10:31
11:39	11:57
11:51	12:09
13:06	13:24
13:17	13:35
14:32	14:37
14:44	14:50
15:59	15:02
16:10	16:11
17:35	16:28
19:00	17:53

甲浦

下り	上り
7:17	6:21
8:41	7:45
9:55	9:09
10:08	10:23
11:22	10:36
11:34	12:02
11:46	12:14
13:01	13:29
13:12	13:40
14:27	14:42
14:39	14:55
15:54	15:07
16:05	16:22
17:30	16:33
18:55	17:58

バスモード

鉄道モード

バスモード

宍喰　道の駅宍喰温泉　化石漣痕　甲浦　海の駅東洋町　マリンジャム

DVMの

DMVの運行は2系統に分かれている。『道の駅宍喰温泉のルート』『海の駅とろむのルート』だ。

平日は、阿波海南文化村～道の駅宍喰温泉を行き来する基本ルートで、片道約35分で運賃は800円となっている。

土日祝は、上記に加えて、阿波海南文化村～海の駅とろむをつなぐ路線が一往復だけ運転される。これは、

root

1

道の駅宍喰温泉に行くにはこのルートしかない

緑丸 平日のみ／オレンジ丸 土日祝のみ

運賃

	▼阿波海南文化村					
阿波海南	200	▼阿波海南				
海部	400	200	▼海部			
宍喰	600	400	300	▼宍喰		
甲浦	700	500	400	200	▼甲浦	
海の駅東洋町	800	700	600	400	200	▼海の駅東洋町
道の駅宍喰温泉	800	700	600	400	200	200

金額はすべて大人のもの。子供は半額で、端数分は切り捨て

阿波海南文化村～海の駅とろむ

（土日祝のみ、一日一往復運行）

運賃

	▼阿波海南文化村	▼阿波海南	▼海部	▼宍喰	▼甲浦	▼海の駅東洋町	▼むろと廃校水族館	▼室戸世界ジオパークセンター	▼室戸岬
阿波海南	200								
海部	400	200							
宍喰	600	400	300						
甲浦	700	500	400	200					
海の駅東洋町	800	700	600	400	200				
むろと廃校水族館	1900	1900	1800	1600	1400	1300			
室戸世界ジオパークセンター	2100	2000	1900	1700	1500	1400	300		
室戸岬	2300	2300	2200	2000	1800	1700	600	400	
海の駅とろむ	2400	2400	2300	2100	1900	1800	700	600	300

金額はすべて大人のもの。子供は半額で、端数分は切り捨て

2つのルート

基本ルートのうち道の駅宍喰温泉を通らずに室戸岬を巡るもので、片道約1時間半で運賃は2400円となっている。また、このルートだけ完全予約制なので注意しよう。

ここでは、阿波海南文化村～道の駅宍喰温泉を結ぶルートと、阿波海南文化村～海の駅とろむを結ぶルートに分けて時刻表と運賃を紹介する。

バスモード

甲浦
下り ●11:22　上り ●14:42

阿波海南文化村
阿波海南
海部

阿波海南文化村
下り ●10:57　上り ●15:06

鉄道モード

阿波海南
下り ●11:01　上り ●15:02

宍喰
甲浦

海の駅東洋町

生見サーフィンビーチ

宍喰
下り ●11:15　上り ●14:49

海部
下り ●11:07　上り ●14:57

バスモード

海の駅東洋町
下り ●11:27　上り ●14:37

室戸世界ジオパークセンター
下り ●12:10　上り ●13:50

夫婦岩

むろと廃校水族館
下り ●12:04　上り ●13:56

むろと廃校水族館

海の駅とろむ
下り ●12:24　上り ●13:55

室戸世界ジオパークセンター

海の駅とろむ

室戸岬
下り ●12:19　上り ●13:41

室戸岬

海の駅とろむに行くにはこのルートしかない

オレンジ丸 土日祝のみ

DMVの乗りかた
（予約編）

事前予約が基本となっていて、阿佐海岸鉄道のwebサイトから「予約状況 乗車予約はこちらから」のアイコンをタップすると、座席予約のできる『発車オーライネット』に接続される。ここで乗りたい便を見て、残席があれば予約が可能だ。

乗車地と降車地、乗車人数を選択。その後、会員であればログイン、そうでなれば新規登録をしてから次に進むことになる。

このサイトはクレジット決済のため、それらの情報を記入し、座席を指定をして最終確認画面で確認。あとは予約の確定となる。

現地にいるのであれば、宍喰駅の窓口、海の駅東洋町、道の駅宍喰温泉の隣にあるホテルリビエラ宍喰などでも予約が可能だ。

ただし1駅間のみの予約はできないので注意しよう。

また乗車の際は、運転士による予約番号での確認となるので、しっかりと控えておこう。

まずは目的の日付と乗りたい便をチェック。残席があれば「片道予約」をクリック

乗車地・降車地と乗車人数を入れると金額が出る

こんな感じで座席を指定。決定すれば、予約確認画面となる

気になる**ポイント**
まとめました

現地に行かないと分かりづらいあれやこれ。
DMVの乗りかたから、それ以外の
移動手段までをざっとおまとめ。

DMVの乗りかた
（当日席編）

予約席以外にも当日分に席が用意されている。着席2席、立席3席だ。また、そもそも座席に余裕があれば乗車が可能だ。

ただし当日、運転士に確認してからの乗車になる。また、これらがすべて埋まっている可能性もあるので、なるべく事前予約しておいたほうがいい。

この場合は乗車時に整理券を取り、降車時に運賃箱に現金や回数券などで支払う形となる。ただし運賃箱は両替機能のないものなので、事前に運賃を確認して小銭を用意しておく必要がある。

3

DMVの
乗り心地を楽しもう

　既存の鉄道車両とも、マイクロバスとも違った乗り心地が味わえる。

　特に鉄道モードでは、前の座席と後ろの座席では感覚がかなり違う。前の座席の場合、モードチェンジ時に視界が変わるのを実感でき（姿勢が変わるほどではないので安心を）、線路のつなぎ目を渡る際の衝撃もはっきり感じられる。後ろの座席の場合は、モードチェンジしてもあまり感覚が変わらず、線路のつなぎ目でもそんなに衝撃はない。

　意外なのはバスモードで、前の席でも後ろの席でも段差での揺れを感じる（平坦な場所は普通のマイクロバスだ）。仕様上、足元が若干柔らかいらしい。

モードチェンジは
見られる?

　鉄道→バスや、バス→鉄道のモードチェンジは、阿波海南と甲浦のみで行われる。

　駅に行けばその様子を間近に見られるが、乗っていると残念ながら見ることは出来ない。ただし、運転席の後ろに設置されているモニタで、どのように変形が行われているのか録画された映像が流れるので、様子を知ることは出来る。

　ちなみにモードチェンジの際、「モードチェンジスタート」の音声案内の後、15秒ほどの楽曲が流れる。これは、地元の海部高校郷土芸能部が作曲、演奏した海南太鼓による楽曲だ。

5

DMV以外の
交通手段は?

　沿線を移動して写真を撮ったり、駅間にあるお店やスポットに行ったり、次のDMVまで待ち時間が長すぎる……といったときには、バスあるいはレンタサイクルを使う手がある。

　バスは徳島県のエリアであれば徳島バス南部、高知県のエリアなら高知東部交通が走っており、これらを活用すればDMVで行きづらいエリアにも到達できる。ただし、エリアによっては1時間に1本以下のペースなので、時刻表はしっかりチェックしておこう。

　また海陽町〜東洋町のDMV近傍エリアで、シェアサイクルのPiPPAが利用できる。阿波海南文化村〜道の駅宍喰温泉の各駅にポートが用意されているほか、まぜの丘オートキャンプ場、生見サーフィンビーチなどの観光スポットにも設置されている。利用料金は30分110円、6時間550円など、複数から選べる。

これは高知東部交通のバス。
大型からマイクロバスまで走っている

阿佐海岸鉄道の各駅に設置されているPiPPA。
電動アシストはついてない

阿波海南文化村

あわかいなんぶんかむら

DMVの終起点である阿波海南文化村は、多目的ホールのある文化館、大里古墳をはじめ海陽町の歴史文化を展示する博物館、工芸の体験学習工房のある工芸館、コミュニケーション施設であるいきいき館、食やお土産スポットの三幸館、浅川天神の関舟を展示する関舟展示館からなる、文化施設。2021年9月に新装オープンしたため、各所綺麗で整然としている。

敷地内は広くゆったりとしており、のんびり見て回ったり、畳の上で休憩を取ることも可能だ。ただしコインロッカーや荷物預かりなどのサービスはないので気をつけよう。

各館の展示も面白いのだが、敷地内に海陽町で発見されたノジュールが唐突に置いてあったりするのも見どころ。

阿波海南文化村の出入口に面して広い駐車場があり、一番近い場所にDMVの停留所がある。ちなみに停留所はサーフボードがモチーフで、縦に置かれているのはバスモードの停留所の意味。待合所の裏手には、シェアサイクルのPiPPAがある

敷地内の様子。とても広く、ゆったりとしている

浅川天神の関舟。この辺りでは朱塗りの豪華な船形だんじりを『関舟』といい祭事に使われる。車輪がついているため道路や海岸などを曳航でき、ある種DMVと言えるとか

阿波海南文化村の俯瞰。右上に見えるのが、DMVの停留所

いきいき館に置かれている、木で出来たDMV。徳島県商店街振興組合連合会青年部によるもの

海陽町で発掘されたノジュール

阿波海南文化村の裏手にある山には展望台があり、そこまで上ることが出来る

展望台からの眺め。海陽町を一望できる

次の駅までの風景

次の阿波海南までは1kmもない。ほぼ国道55号線沿いで住宅地などがあり、景観的な感じはないが、お遍路さんの休憩小屋などが四国を思わせる

◎ そのほかの交通機関

隣に海南病院があり、徳島バス南部の路線バスが走っている

阿波海南

あわかいなん

元々はJR四国の駅。阿佐海岸鉄道のDMV導入に伴って、阿波海南〜海部が牟岐線から阿佐東線に譲渡されたため、現在はJR四国牟岐線の終点であり、阿佐海岸鉄道の駅でもある。

海陽町の中心地的な位置にあり、駅周辺にはコンビニやドラッグストア、飲食店、郵便局などがあり便利な場所だ。

また阿波海南駅前交流館が駅施設内にあり、きれいで広々としている。トイレやコインロッカーがあるうえ、朝6時半から夜9時まで開いているので、観光の拠点としてとても便利。朝、牟岐線で到着したら大きな荷物をコインロッカーに入れてあちこち見て回り、夜戻って荷物を取って宿に行くといったことが出来る。

駅の全景。右手側にあるのがJR牟岐線の阿波海南駅。左手奥にあるのが阿波海南駅前交流館。DMVの停留所はその奥に位置している。

こちら側がDMVの停留所。奥が下り方で、手前が上り方

駅を出て横断歩道を渡った先にある『かいふ菓子ロマンきもとや』。地元の素材を活かしたバウムクーヘンや、この地域に根付いているういろう（ういろ、と呼ばれている）などを製造している。DMVの運行に合わせて、DMVクッキーを開発

DMVクッキー。『未来への波渡り』は藻塩、『すだちの風』は藍、『阿佐海岸維新』は阿波和三盆を原材料に使用。バラ売りのほか、車両を模したパッケージでも販売

牟岐線のホームから徳島方面を見たところ。待合室があるだけのシンプルなホームだ

牟岐線のホームから海部方面を見たところ。かつて海部に向かって伸びていた線路が切断され、その奥にDMVのモードチェンジから伸びる線路がつながっているのがよくわかる

こちらは阿佐東線が出来る前、1983年の阿波海南のホーム。ほとんど景色が変わっていない

阿波海南を遠景から。かつての線路のつながりと、現在の線路のつながりがよくわかる

◆◆◆◆ 次の駅までの風景

次の海部までは約1km。田んぼと住宅地といった景色の中を通っていくが、途中、海部川を鉄橋で渡る。川幅は広く、海側山側共に開けた景色が見られる

◎ そのほかの交通機関

駅から国道55号線を阿波海南方面に少し歩くと、徳島バス南部の海部高校前バス停がある

海部

かいふ

左下は旧駅舎で現在は待合室。ホームに上がるには階段のみで、エレベータやエスカレータはない

かつてのJR牟岐線と、阿佐海岸鉄道阿佐東線の接続駅。現在は阿佐海岸鉄道のみの駅だ。高架上に設けられているが、周りは住宅街と山なので眺望はいまいち。

使われなかった片側ホームには、本線から切り離された線路の上にかつて使用されていた気動車ASA-100が留置されている。現在はカギがかけられていて中に入ることは出来ないが、そのうち中を見学できるようになるかもしれない!?

旧ホームには両側とも待合室が備わっているので、荒天の日も便利に使える。

地階には待合室が設けられているが、朝9時～夕方5時までしか出入りできないほか、コインロッカーなどの施設はない。

近くに海洋町役場があり、周辺には飲食店や民宿などが点在していて便利だ。

阿佐東線が開通する前、1983年の海部。この頃は1階は駅舎となっており、きっぷの販売も行われていた

1975年の海部駅周辺の様子。阿佐線の開通に向け工事がされていた。周りにはまだ何もなく、山と原っぱのみ。トンネルがもう出来上がっている

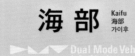

海部駅から徒歩7分ほどにあるお菓子屋『宝来堂』で生み出された『DMVもなか』。ボディと車輪が別パーツになっていて、それぞれあんこを入れてくっつけると、鉄道モード、バスモードの最中が出来る。箱の背面に置いてジオラマ撮影もできる

パンに浅漬けのきゅうりを挟んだという『きゅうりドッグ』。旨しょっぱいきゅうりと、ほんのり甘いパンを、甘じょっぱいみそだれが橋渡ししており見た目からは想像できない美味しさ。ほかにキムチ味もある。海部駅から徒歩4分ほどにある『PIAカイフ』内の宝来堂のベーカリー部門で販売されている

海　部　Kaifu
海部
かいふ
▶▶▶ Dual Mode Vehicle
Asa East Railway Company

宍喰方面のトンネル前で線路は本線のみとなるように切られている

1998年の同じトンネルの様子。ASA-100が甲浦に向かって発車していくところ

海部駅のDMVホーム。旧ホームはこの裏側

1975年の海部駅。海部止まりであったことが分かるが、奥には出来たばかりのトンネルが見えている

1998年の海部駅。2面2線になっているのが分かる

1989年の海部駅。阿佐線の計画は凍結され、国鉄が民営化されてから2年。阿佐海岸鉄道の開業まであと3年の時期。この頃は1面1線だった

次の駅までの風景

次の宍喰までは約6km。山間を縫ったりトンネルを潜ったりしながら、主に沿岸沿いを走る。車窓は左側が圧倒的におすすめだ

◎ そのほかの交通機関

駅から国道55号線まで出ると、徳島バス南部の海部駅バス停がある

宍喰

ししくい

⬚⬚⬚⬚

　阿佐海岸鉄道本社の最寄りにある駅で阿佐東線唯一の有人駅。

　1面1線だが、かつては列車交換用にもう1本線路が敷かれていた。現在ははがされており、かつて線路があった場所の一角にDMV用の低床ホームが設けられている。

　海部や甲浦と同じく高架だが、地階に改札や板の間の休憩所、トイレなどが完備されている。またDMVグッズの販売や鉄印帳、各種スタンプなどが置かれている。

　宍喰のあたりは伊勢えびが獲れることで有名で、毎年9月中旬に伊勢えび漁が解禁となり、10月には『宍喰伊勢えび祭』が行われている。そんな宍喰駅長も伊勢えびで、あさ＆てつがいる。

　かつては近くに高校があって通学客でにぎわったが現在は小学校、住宅街、田んぼといった印象だ。一方、駅西側に広がる約1ヘクタールの田んぼを利用して、夏はひまわり、秋はコスモス、冬は菜の花の咲くフラワーパークが展開されている。

　東に10分ほど住宅街を歩いて抜けると海岸線に出られるほか、道の駅宍喰温泉にも行ける。

海部や甲浦と異なり、高架のホームへ向かう階段は駅内部に作られている

西側に広がる田んぼは稲のない時期には花が植えられフラワーパークとなる。写真は2021年12月の様子だ

DMVのホームの上り方は、かつて引込線が敷かれていた場所に作られている

1998年の宍喰駅。右端に見えるのは引込線

宍喰　Shishikui
宍喰
시시쿠이
▶▲▼ Dual Mode Vehicle
Asa Coast Railway Company

改札前には旧気動車時代からの阿佐海岸鉄道のスタンプがズラリ置かれている

宍喰杉を使った板張りの休憩スペース。奥に見えるのは竹を加工した竹灯り

改札口には伊勢えび駅長の『あさ』と『てつ』がいる。ひげを伸ばして悠々としている

駅から徒歩で約20分。宍喰大橋のたもとに近い場所に、国指定天然記念物『宍喰浦の化石漣痕』がある。これは、4500万年前の水流漣痕が隆起によって地上に現れたものだ

本社がすぐ近くにあるため、乗務員交代は宍喰で行われる

次の駅までの風景

次の甲浦までは約3km。目の前に広がる景色は田んぼと、長いトンネルの暗黒だけという区間。右側の車窓では、阿佐海岸鉄道の本社が間近に見られる

◎ そのほかの交通機関

駅を出て左前方、小学校の敷地が一部削れている場所が、徳島バス南部の転回場所になっていてこの辺りで乗車が出来る

甲浦

かんのうら

阿佐東線の終起点がこの甲浦。そして、DMV化によって一番姿が変わった駅でもある。

かつては高架上にホームがあり、階段を下りたわきに駅舎がある作りだったが、現在では旧ホームは閉鎖され、ホーム端あたりにモードインターチェンジが設けられている。

バスモードの車両が高架を行き来できるように大きなスロープが作られ、そのたもとにある待合室の目の前がDMVの停留所となっている。

周辺にあるのは畑と民家と神社のみ。南東に10分ほど歩けば海に出られるが、実は次の停車場である、海の駅東洋町に隣接する海水浴場だ。

他の高架駅と異なり階段の上に屋根がなく、一見歩道橋のようにも見えてしまう

現在の甲浦の地上部分。駅待合室の方をかすめるようにスロープが渡っている

1992年の甲浦。階段の上には、線路が渡された高架の終端が見えている

かつての甲浦のホームは閉鎖されモードインターチェンジが設けられている。DMVの変形は見学可能だ

もともとの高架の部分と、新たに作られたスロープの接続点。高架に乗せるように組まれていて面白い

開業からまだそんなに経っていない1992年の甲浦。現在、このホームには立ち入れなくなってしまった

モードインターチェンジを出たDMVはスロープを降りて、くるっと高架をくぐるようにして出ていく

スロープを降りていくDMV。割と急な傾斜になっているのが分かる

甲浦駅のすぐ目の前にある甲浦八幡宮。3年に一度、県の無形文化財に指定されている『ひよこち踊り』が舞われている

甲浦から徒歩5分の所に『フクチャンFARM』があり、自ら生産したぽんかんによる果汁100%のぽんかんジュースや、飲むぽんかんゼリーなどを販売。美味しいと地元でも評判

◎そのほかの交通機関

かつては高知東部交通のバス停が甲浦にあったが、DMVの開業に合わせて廃止され、現在は海の駅東洋町が最寄のバス停となる

▓▓▓▓ 次の駅までの風景

次の海の駅東洋町まで約1km。川に沿うように畑と住宅街を抜けたらすぐに海が見えてくる。左折したちょっと先に目的地は見えてくる。

海の駅東洋町

うみのえきとうようちょう

DMVの運行開始に合わせて、駐車場内の白浜がよく見える位置に停留所が設けられた。高知東部交通との乗り継ぎにも便利

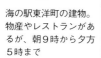

遠浅で白砂が人気の白浜海水浴場のすぐたもとにあるのが、海の駅東洋町だ。ここでは地元の野菜や果物、海産物などを取り扱っているほか、レストランでは海鮮のどんぶりものなどが食べられる。また、売っている海産物を持ち込んで刺身にしてもらうこともできる。

ビーチわきでは白浜キャンプ場も併設されており、管理された芝生の上でテントを張ったり、バーベキューを楽しんだりできる。また近くには飲食店も多く、リゾートホテルも目の前にあ

るので、東洋町を手軽に楽しむにはいい場所といえる。

レンタサイクルPiPPAのポートもあるので、周囲をちょっと見て回りたい、なんて時もお手軽に行ける。

北東に約2km離れたところにある竹ヶ島では海洋自然博物館のマリンジャム、南に3km行けば、サーファーに人気の生見サーフィンビーチがある。のんびり滞在して観光を楽しむにはいい拠点だ。

海の駅東洋町の建物。物産やレストランがあるが、朝9時から夕方5時まで

白浜海岸。沖合50mほどまで浅瀬が続いているおだやかな海

白浜キャンプ場。芝生がキレイに管理されていて、快適にキャンプを楽しめる。コインシャワーなどもある

海中観光船ブルーマリン号は、船底近くにガラス窓があり、海中を眺めることのできる観光船。竹ヶ島周辺の海を巡りながら、海中散歩してるような気分を味わえる。巡行時間は約45分で、大人2000円。日々海の透明度が違うが、クリアに見たいなら冬がおすすめ

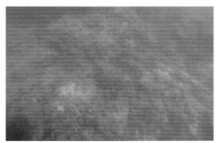

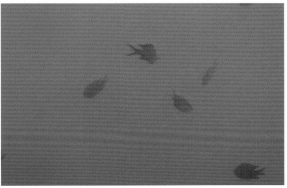

ブルーマリンを擁している、海洋自然博物館マリンジャム。中には「島のちいさな水族館」があり、竹ヶ島近海の生き物のほか、サンゴの人口育成も見られる

約200m続く生見サーフィンビーチは、場所により波の高さやうねりが異なり、初心者も上級者も楽しめるスポットとして人気

◎ そのほかの交通機関

海の駅東洋町の目の前に、徳島バスの甲浦停留所がある。これは基本高速バスなのだが、阿南〜甲浦間は路線バスとして運行されており、海の駅宍喰温泉や海部にアクセスできる

▒▒▒▒ 次の駅までの風景

次は道の駅宍喰温泉、もしくはむろと廃校水族館だ。道の駅宍喰温泉までは約4kmで、海、山、トンネルと景色が目まぐるしく変わる。むろと廃校水族館であれば約30km。DMVで一番長い乗車区間だが、海岸線の景色がよく、眺めている間に着いているだろう

道の駅宍喰温泉

みちのえきししくいおんせん

手前のとんがった屋根の建物の奥に道の駅宍喰温泉がある。左奥に見えているのはホテルリビエラ

ホテルリビエラ。臨海に建つホテルで、部屋の窓からは雄大な景色が望める。温泉は日帰り入浴も可能だ

DMVの基本ルートの終起点。土日祝の室戸岬に行く1便だけが通らない唯一の停留所でもある。

宍喰温泉は地下約1000mから湧出している温泉で、泉質はナトリウム炭酸水素塩。いわゆるアルカリ性の温泉で、ぬるっとした肌触り。この温泉に浸かれるのが、道の駅宍喰温泉にあるホテルリビエラと、500mほど離れた場所にある、はるる亭の2か所。

道の駅宍喰温泉では、地元の野菜や海産などを売っているほか、DMVのグッズや関連商品を多く取り扱っている。また、2019年には、この辺りの海岸線や地形を模した鉄道ジオラマを設置。DMV1号車の模型が走っているところが見られる。

2階には休憩スペースなどもあり、ゆったり利用できるのがうれしい。ちなみにここに、阿波海南文化村、宍喰駅と同様の、木で出来たDMVが置いてある。

目の前に広がる大手海岸。いい波が寄せることで、サーファーに人気のスポットでもある

道の駅宍喰温泉。建物内のすぎのこ市場では地元の野菜や魚、加工品などを販売している。海陽町観光協会も道の駅の中にある

大手海岸の海岸線や、この周辺の土地をモチーフにしたジオラマで、上の段には気動車らしき車両も……

２kmほど北に行った場所にある中華料理店『豚皇』が作った、伊勢えびを使った食べるラー油『海陽ラー油』。伊勢えびの風味をしっかり楽しめる

◎そのほかの交通機関

DMVと同じ停留所から徳島バスが出ていて、甲浦（海の駅東洋町）や海部と接続している。実は高速バスでもあるため、大阪方面に出ることも可能だ

むろと廃校水族館

むろとはいこうすいぞくかん

見た目からそのまま小学校だが、侮るなかれ。展示はなかなか楽しい

その名の通り、廃校になった小学校を改修して水族館として蘇らせたのが、この施設。内部は教室の雰囲気を色濃く残しているところもあれば、大きな水槽が導入されてすっかり水族館の顔になっているところもある。

注目が集まるのは、なんといってもプールを活用した巨大水槽（屋外大水槽）。アオウミガメ、アカタイが悠々と泳いでいるなかに、エイラクブカやマダイ、ホウボウなども泳いでいる。

屋内も面白く、机を台にした水槽や、跳び箱を改造した標本の展示なども。疲れたら図書室で休憩といったこともできる。

入場料は大人600円、小中学生300円だ。

DMVやバスは建物の前までは来ず、停留所は国道55線沿いにあるので注意しよう。ただし誘導員がいるので、迷うことはないだろう。

バスの乗降位置は、上り方は標識が立てられているが、下り方は建物の壁に描かれているだけで標識がないため、少しわかりづらい。

下り方のバスの停留所は駅名標を模した壁のペイント

入って早々気になるのが、小学校そのままの景色を残している教室。と思いきや、机の高さは各学年が交じってバラバラ

バス停の裏は海。砂浜ではなく岩場が広がっている

屋外大水槽（プール）では、さまざまな海の生き物がゆったりと泳いでいる

教室の雰囲気などどこにもない部屋。周囲の壁には水槽が置かれ、中央ではウミガメが泳ぐ

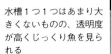

水槽1つ1つはあまり大きくないものの、透明度が高くじっくり魚を見られる

約3km程離れた場所に夫婦岩がある。寄り添うように岩が立っていることからそう呼ばれているとか

◆◆◆ 次の駅までの風景

次の室戸世界ジオパークセンターまでは約3km。ひたすら海岸線を進む区間だが、この辺りは本当に海岸に近い場所を走る

◎ そのほかの交通機関

高知東部交通の路線バスが通っており、海の駅東洋町、あるいは室戸や奈半利方面へアクセスできる

普通に水槽が並んでると思ったら、台に使っているのは小学校の机

室戸世界ジオパークセンター

むろとせかいじおぱーくせんたー

室戸世界ジオパークセンターの目の前に停留所がある。標識は高知東部交通のものを共用しており、DMVオンリーのものはない

ジオパークセンター2階からの眺望。目の前に広がる太平洋を眺められるが、この沖合がいわゆる南海トラフでDONETがめぐらされているエリア

室戸岬まで約6kmの位置にある停留所。

室戸世界ジオパークセンターとは、室戸岬を先頭に、四国右下の出っ張りの部分がどのようにして出来たのか、地層やプレートからなにが読み解けるのかを皮切りに、気候、海流、植生などから生まれた産業や暮らし、そのうえでの文化に至るまでを展示・解説している施設だ。

地質系というと、断層や石などの組成が中心かと思いがちだが、ここでは逆にそれらは少なく、土地地域の組成が、文化生活面にどう影響しているのか総合的に見られるのが面白い。

また、南海トラフ周辺の海底に設置された地震計・水圧計などの観測データを収集解析する『DONET』(地震・津波観測監視システム)のデータをリアルタイムに閲覧できるのも興味深いところだ。

入場料は無料で朝9時〜夕方5時まで。館内には『ジオカフェ』があり食事やスイーツが楽しめる。またコイン返却式のコインロッカーも備えている。

高知東部交通の「安芸⇔室戸世界ジオパーク線」と「室戸⇔甲浦線」の乗り継ぎ停留所にもなっており、バスで室戸岬周辺にアクセスする際には必ず立ち寄る場所になっている。

室戸をはじめとした四国の地質の成り立ちの基礎から解説されている

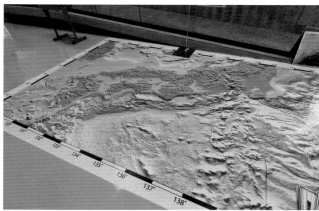

九州〜四国〜本州にまたがる南海トラフの様子を赤青立体視で確認できる

室戸の産業的特徴を具体例とともに展示。ウバメガシによる固い備長炭

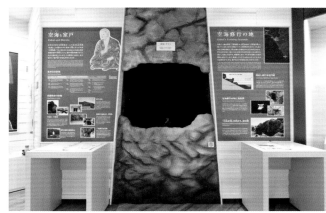

空海が修行したとされる海食洞から見た景観を体験できるコーナー

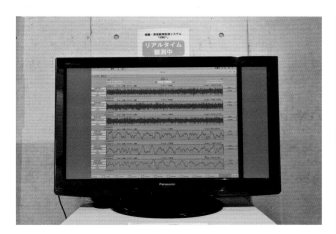

DONETに収集される各測定器のデータがリアルタイムにモニタできる。地震計が割と細かい振動を検知するため、海上を船が通ると大きく波形が揺れることも

◎ そのほかの交通機関

高知東部交通の系統の分かれ目の停留所。甲浦方面と、奈半利方面との接続点となっている

◆◆◆◆ 次の駅までの風景

室戸世界ジオパークセンターを出ると、次に停車するのは四国の右端の先、室戸岬だ。
55号線沿いに、海岸に近づいたり離れたりしながら約5kmの道のりを進む。
ジオパークセンターで目にした地形を現地で再確認していると、岩石のせりだす室戸岬が近づいてくる。

室戸岬

むろとみさき

室戸岬の突端に近い場所を国道55号線が通っている

四国右下の突端、まさに室戸岬の目の前にある停留所。

通常、一般道から岬まではそれなりに距離があるものだが、ここは国道55号線を降りたらすぐ目の前が岬といった様相で、アクセス性が抜群。波打ち際まで2分ほどだ。

足元は玉砂利のような浜になっており、岩肌がむき出しになっているところも多く、ちょっと歩いただけでも景色が目まぐるしく変わる。

岬周辺は、かつての海底が隆起した奇岩だらけだが、それらを縫うように礁遊歩道が整備されており、自生している亜熱帯植物のトンネルをくぐったりしながら散歩を楽しめる。

そして室戸と言えば金目鯛。室戸岬から徒歩15分ほどにある『ホテル明星』のレストランで味わうことが可能だ。室戸の日戻り漁で水揚げされた新鮮かつ上質な金目鯛を、刺身、照り焼き、茶漬け風で味わうことが出来る。

遊歩道を歩いた先にホテル明星は見えてくる。『贅沢キンメづくし丼』は刺身も照り焼きも茶漬けもいける贅沢な逸品。このほか、お造り御膳や照り焼きどんぶりなども。海上の天候次第で入荷できない場合もあるので、出かける前に確認しておきたい

奇岩に波が打ち寄せる様子は、いつまで見てていても見飽きないほど

岬のその先、はるか海洋上を眺めるように明治維新の志士、中岡慎太郎の像が立っている

海岸から振り返ると山の上に灯台が見える。近くまで行くことが可能だ

室戸岬の沿岸沿いに続く礁遊歩道。約2.6km続いている

▨▨▨ 次の駅までの風景

次は終点の海の駅とろむ。距離は約３km。室戸岬から離れるにつれて巨岩は減っていき、海岸沿いに民家の姿が目立ってくる

◎ そのほかの交通機関

高知東部交通の路線バスが走っており、室戸ジオパークセンターや海の駅東洋町に接続しているほか、室戸市や奈半利方面にも接続している。DMVの停留所は、高知東部交通のものと共有しているので乗降場所は同じだ

海の駅とろむ

うみのえきとろむ

DMVの最西端の終起点がここ、海の駅とろむで、室戸岬港のすぐ脇にある。

海の駅とろむではレストランと直売所が運営されていたのだが、コロナ禍の影響で2021年3月末で閉業。現在は名前だけ残されており、徳島バスの『室戸高速バスターミナル』の場所がDMVの停留所として共用されている（高速バスは南海なんば、徳島大学などに接続）。

すぐ目の前に『室戸ドルフィンセンター』がある。イルカと驚くほど間近に触れ合える施設で、イルカのトレーナー体験や、イルカにつかまって泳げるドルフィンスイムなどが楽しめる。そのほか、ウミガメも間近に見られる。また、キッチンカーが置かれていて、フライドポテトやうどん、ソーダやコーヒーなどが提供されている。

海の駅とむろには停留所の標識はなく、高速バス用の小屋が停留所の目印となっている

室戸岬港周辺の俯瞰。沿岸沿いに広がる住宅街の中に、港があるような雰囲気。この景色は室戸市の近くまで続く

イルカのトレーナー体験は、まずはイルカと触れ合って仲良くなるところから。背中や胸ヒレ、お腹などをなでられる。こちらはハルくん

実際のトレーナーのように、サッと手を上げるとイルカがジャンプ！ こちらはトシちゃん

ドルフィンスイムはハナゴンドウと。フローラちゃんもしくはニケくんにつかまって、くるッと回遊できる。ウェットスーツは借りられるので、スケジュールが空いていれば行ったその日に一緒に泳げる

室戸ドルフィンセンター。イルカと間近に触れ合えるレアな施設だ

高知東部交通の室戸営業所。窓口はあるが待合室はない

◎ そのほかの交通機関

平日のみだが、15:40分発で徳島バスが走っており、室戸岬やジオパークセンター、甲浦、海部などと接続している。
高知東部交通の路線バスの室戸営業所停留所が、東へ徒歩8分ほど。ジオパークセンターや海の駅東洋町に接続しているほか、室戸市や奈半利方面にも接続している

░░░░ 次の駅までの風景

DMVの室戸側の終起点のため、ここから先は折り返し。……でももしかすると、将来的に奈半利方面につながる日が来ることもあるのかもしれない。

DMV
開業前夜・当日ルポ

2021年12月25日。阿佐海岸鉄道にて世界初のDMVによる本格営業路線が誕生。
「新しい何か」が始まるまでのカウントダウン感と、
地域一帯で歓迎されたその様子をレポート。

pre Xday

開業まで2週間を切った12月の阿佐海岸鉄道沿線。

海陽町の複合文化施設『阿波海南文化村』。25日からは、阿佐海岸鉄道の新たな終起点となる。駐車場のフェンスには、開業予告の横断幕が掲げられていた

既に竣工済みの阿波海南文化村停留所。この日はDMVの試乗会で、地元の小学校の児童が乗りこんでいた

試乗運転で走るDMV。試乗運転に入る前までは白ナンバーだったが、お客さんを乗せて公道を走るためナンバープレートは事業車用の緑ナンバーになっている

左は、徳島県海陽町に立てられていたDMVののぼり。「世界初が走る町」のコピーと、DMVの写真、海陽町の字が躍る

右は、高知県東洋町に立てられていたDMVののぼり。ポンカンやサーフィンなど、東洋町名産の写真と「世界初に会える町」のコピー、東洋町の字が踊る

JR四国の阿波海南駅。元々この先の海部駅までがJR四国だったが、25日からはここからが阿佐海岸鉄道の路線となる。2020年の阿佐海岸鉄道のDMV転換工事着工以来、阿波海南駅〜甲浦駅間は代行バスで運行されている。この時は、試乗運転中のDMVと、代行バスがすれ違うという、開業直前しか見られないレアな光景に遭遇

あわただしく進む準備

　本来は2021年8月に開業を目指していたDMV。しかし新型コロナによる工事の遅れ、車体の前ガイド輪の強度問題の指摘があり開業時期がずれ込んだ。最終的に開業OKの判断が国交省から下されたのは12月に入ってからだった。

　阿佐海岸鉄道では年内開業を目指していたため、そこから急ピッチで開業準備が進められた。運転士の習熟運転や、地元の人々を招いた試乗会、各駅の最終整備など限られた人数で運営されている阿佐海岸鉄道では、大変だったに違いない。

pre1Day

開業前日はクリスマスイブ。寒風が吹きすさぶ中、転換の準備が進められた。

甲浦駅。阿佐東線の終点駅であり、この日までは地元のバス会社、高知東部交通との接続駅だった。右側に見えるプレハブは、仮設の甲浦駅舎で、バスの待合室を兼ねていた。左は列車代行バス。いずれの姿もこの日限り。DMV開業後は、高知東部交通との接続は、近隣にある海の駅東洋町へと変更になった

阿波海南文化村（徳島県）。翌25日に行われる、DMV出発式のために、駐車場を封鎖して着々と準備が進められた。翌日からはここが起終点になる

海の駅東洋町（高知県）。ビーチに近いところに停留所の標識が立てられているが、その奥で式典のための準備が着々と進む

開業までのカウント
ダウンを表示してい
たボード
左上：宍喰駅にあっ
た看板。開業日とカ
ウントダウンを全面
に押し出したもの
右上：新たに駅とな
る、道の駅宍喰温泉
に置かれていた看板。
青のDMVがモチー
フ
左下：新たに駅とな
る、阿波海南文化村
に置かれていた看板。
緑のDMVがモチー
フ
右下：海陽町海部駅
近くにあるPIAカイ
フというスーパーに
置かれていたカウン
トダウン看板。赤の
DMVがモチーフ

甲浦駅の停留所。こ
の日の朝までは、標
識はブルーシートに
くるまれていた。昼
過ぎにブルーシート
がはがされた直後は
左のように時刻表部
分がまっさらだった
が、しばらく経って
右のように時刻表が
取り付けられた。ち
なみにこの作業を行
っていたのは、なん
と阿佐海岸鉄道の専
務取締役（当時）で
ある井原さん。専務
自ら時刻表を取り付
けて回らねばならな
いほど、阿佐海岸鉄
道は忙殺されていた
模様

one the Day

ついに訪れた開業日。晴天に恵まれたクリスマス。

発進式の行われる阿波海南文化村の朝9時。駐車場ではDMV3台がそろい踏み。ナンバープレートは緑ナンバーの図柄入りご当地ナンバーになったほか、車両番号を現す931、932、933に。このナンバーで3台がそろうのはこれが初

カウントダウンパネルはGO!に切り替わった。DMVの営業運行が目前に迫る

待ちに待った瞬間

　未知の乗り物だったDMVが、普通に乗れるようになる。線路と道路をつなぐ車両っていったいどんなものなのだろう。純粋な好奇心と、新しい乗り物へのワクワク感が高まったこの日、阿波海南文化村には多くの人が詰めかけた。

　実際に運行を開始してからは、阿波海南のモードチェンジ部分や、道の駅、海の駅などに人が押し寄せていた。ただし頻繁に駅・停留所を通るわけではないので、寒さをしのげる場所に多くの人がいた感はある。

　陽が落ちた頃に、再びイベントが行われ、花火の音が沿線周辺に鳴り響いていた。

12:30から行われる発進式だが、記念式典自体は11:30から始まっていた。徳島から鉄道で向かおうとすると微妙に間に合わず、道を急ぐ人々の姿が見られた

11:30。阿波海南文化村の文化館ホールで始まった、DMV運行開始記念式典。地元国会議員などのあいさつの後、地元の小学生によるDMVソングのダンスや、高校生による海南太鼓などが披露。ちなみにこの海南太鼓、DMVがモードチェンジするとき車内でかかる曲

一方、文化村の敷地内では近隣の市町村のブースが立ち、特産品などを販売。郵便局のブースでは、DMVのオリジナルフレーム切手も販売された

出発式直前。アーチの周りには、式典を盛り上げる子供たち、地元住民や鉄道ファン、報道陣が集まって賑わいを見せていた

12:30より行われた発進式。徳島県の飯泉嘉門知事、東洋町の松延宏幸町長、JR北海道の島田修社長など関係者のテープカット。ついに車両が動き出す

12:36。海陽町長で
あり、阿佐海岸鉄道
の社長である三浦茂
貴氏の合図で1号車
が発車。乗車してい
るのは、事前抽選で
選ばれた18名

10分ほど間を開け
て2号車、3号車も
出発。3号車は回送
で、このまま海の駅
東洋町に向かい開業
イベントに参加とな
った

出発式の終了後は、地元の子供たちによるDMV応援隊の記念撮影が行われた。左端のキャラクターは、海陽町を流れる海部川の妖精ふるるん

発進式当日はDMVが予約で埋まっているため、同じ経路の阿波海南文化村～宍喰温泉間は臨時バスによる輸送が行われた

高知県側の開業祝イベント。海の駅東洋町にDMVが到着しモードチェンジ。鏡割りを行うが、なんと中身はポンカンジュース

徳島県側、高知県側共にセレモニーは終了となった

東洋町でのDMVセレモニーに参加した３号車は、海の駅東洋町始発の臨時便にて運行を開始した

この日から、高知東
部交通は甲浦ではな
く、海の駅東洋町に
接続することに。こ
のタイミングでたま
たまなのか、DMV
と並んだ

式典の横では、DMV
開業記念東洋町ミニ
物産フェアが朝10時
から開催されており、
来場者にはぽんかん
や、DMVオリジナル
エコバッグ、お餅な
どが配られていた

JR四国との接続駅
で、モードインター
チェンジのある阿波
海南駅。第2周回の
DMVを地元の園児
たちによるDMV応
援隊が歌とダンスで
出迎え、発車を見送
った

もう一つの終起点で
ある、道の駅宍喰温
泉では、開業記念の
モニュメントが飾ら
れた。これは地元の
細工の竹灯り

17:45。道の駅宍喰温泉にほど近い宍喰漁港でDMV運行開始記念花火大会が行われた。約1000発の花火が打ち上げられ、宍喰駅からもよく見えた。フィナーレを迎えた18時過ぎに上り最終DMVが到着

18:00。海陽町商工会館では、正面にLEDパネルを設置。運行記念イルミネーションが点灯された。集まった子供には光るペンダントがプレゼントされた

19:00。海の駅東洋町の裏手にある白浜海岸にてDMV記念花火大会が開催された。こちらでは下り最終のDMVがタイミングよく到着

DayTwo

開業2日目。この日は、DMVが初めて室戸までバスモードで走るという記念すべき日だった。

10:30。昨日の喧騒が嘘のように静まり返る阿波海南文化村。出発式関連のブースや飾りは消えていた

10:50。DMVであることの最大限の特徴を活かす、室戸までの初便にもかかわらず、特に式典はなくあっさりと10:57に出発

ただいま｜THIS stop
うみのえきとろむ ゆき
阿波海南文化村→海の駅とろむ
For Uminoeki Toromu

11:27。高知県に入ってからの海の駅東洋町で、初のお見送り。ちなみに室戸行のDMVは、道の駅宍喰温泉には行かずこのまま室戸方面に向かう

72

海岸線沿いの国道
55号線をひた走る。
次の停車駅まで、約
30分ノンストップ。
晴れていれば海を眺
めているだけで、あ
っという間。途中、
夫婦岩などの名所も

むろと廃校水族館前
では、水族館のスタ
ッフが、DMV柄の
服を着せた魚のぬい
ぐるみと共に歓迎の
お出迎えとお見送り。
ちなみに、次の室戸
世界ジオパークセン
ター、室戸岬では特
にイベントはなかっ
た

ついに阿佐東線の悲
願でもあった室戸岬
へ。全てを鉄路でつ
なぐことは出来なか
ったが、阿波海南か
ら室戸岬まで、ワン
ストップで来れるよ
うになったのだ

12:24。終点である海の駅とろむに定刻通り到着。DMVの到着に合わせて『むろとまるごと産業まつり 〜DMVがやってくる〜』が開催されており、土佐室戸勇魚太鼓で出迎えられた

DMV到着後は、DMVを鉄道モードにするなどのデモンストレーションのほか、到着を祝って鏡開きが行われた。土佐鶴の銘の入った日本酒樽ではあるものの、ご時世を鑑みて中身は室戸の海洋深層水

会場では様々な屋台が展開され、ゆったりとした飲食スペースもばっちり確保。惜しむらくは、この日は風が強く寒さが半端ないこと……

初めて見るDMVの姿に、みんな興味津々

13:10から土佐室戸鮪軍団による、マグロの解体ショーが行われた。この日解体されたのは、銚子沖で上がったもの。解体後は、来場客に無料でふるまわれた

DMVの室戸便は、土日祝の１往復のみ。DMVは定刻の13:35分に海の駅とろむを発車。阿波海南文化村へと帰っていった

阿波海南にあるモードインターチェンジ。全長24mでガイドウェイ部分は17m。車輪を下ろしや

すいよう、手前は軌間が1137mmと広く、奥へ進むと1067mmとなっている

ガイドウェイは垂直ではなく、若干角度がついていて、タイヤが乗り上げないようになっている

道路側からの進出部分を上から見たもの。入り口の部分の間口が大きく取られている

従来の鉄道とはここが違う
DMVならではの設備・システム

DMVはマイクロバスをベースに
開発された特殊な鉄道車両だ。
一般的な鉄道車両と同様、
レールの上を走りはするが、
軽い、車高が低い、ゴムタイヤ駆動、
線路と道路を行き来するなど、
従来の鉄道システムとは全く
異なった性質を持っている。
このため、安全に運行するために
独自の設備が必要になっている。

鉄道側からのモードインターチェンジ。ガイドウェイが終わった後、7メートルは接地面が続く

モードインターチェンジ

　DMVが鉄道モードとバスモードを切り替えながら運行するために必要な設備が『モードインターチェンジ』だ。これは、必ず線路の両端に設けられていることが必要で、DMVの車体をきっちりとレールの上に誘導し、安全に線路へ乗せられるようになっている。

　構造的には単純で、レールの左右にガイドウェイがついているもの。ここにDMVのゴムタイヤが触れると内側に寄せられるため、進んでいくうちに自動的に線路の直上に車体が位置しているという仕組みだ。安全にモードチェンジが出来るように、レール面と同じ高さに路面が設けられていて、ガイドウェイを出る部分で路面が下がるようになっている。

　ちなみにバスモードになる際には、位置合わせの機能は必要ないが、タイヤがレールではなくしっかりと路面に接地できるように機能している。

ガイドウェイのレール側端部。こちらも若干間口が広く取られている

接地面は緩やかに地面に下っていく。タイヤ痕の具合で、ゴムタイヤの外側がどれだけ接地していたか分かる

阿波海南のバスモードでの進入の様子

　停留所でお客さんの乗降を行った後、DMVはモードインターチェンジへ侵入する。停留所側からなるべく車体を水平になるようハンドルを切って、あまりガイドウェイの世話にならずに定位置まで進み、モードチェンジを開始する。

甲浦のバスモードでの進入の様子

　地階にある停留所でお客さんの乗降を行った後、スロープを通って高架へと上がり、モードインターチェンジへ侵入する。こちらも少し手前で車体を水平にするようハンドルを切ってからまっすぐに入り、モードチェンジを行う。

鉄輪がレールに乗っているか確認

　バスモードから鉄道モードへの切り替えでは、モードチェンジ後、必ず運転士がDMVを降り、前ガイド輪の両輪がレールにしっかり乗っているか、後ガイド輪の両輪がレールに乗っているかいるか、1つ1つ指差称呼をし、安全を確認している。

　これら確認や、指令所への進入報告などがあるため、バスモードから鉄道モードへのモードチェンジ時は、約1分間の停車時間となっている。

　逆に、鉄道モードからバスモードへの切り替えの際は確認が必要ないため、運転士は車外には降りず、モードチェンジしたらそのまま路上へ向かって進行している。

甲浦でのモードチェンジにおける確認の様子

阿波海南でのモードチェンジにおける確認の様子

阿波海南の鉄道モードでの進入の様子

走行してきたDMVは停止位置標識のある、モードインターチェンジの端部で停止。すっとモードチェンジを終え（こちらは約10秒）、そのままモードインターチェンジを抜けて、停留所へ向かいお客さんの乗降を行う。

モードインターチェンジのだいぶ端っこで、モードチェンジしている

甲浦の鉄道モードでの進入の様子

走行してきたDMVは停止位置標識のある、モードインターチェンジの端部で停止。モードチェンジを終えると、そのままモードインターチェンジを抜けてスロープを降り、停留所で停止してお客さんの乗降を行う。

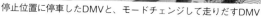

停止位置に停車したDMVと、モードチェンジして走りだすDMV

低床ホーム

マイクロバスを改造したDMVは、鉄道車両と比べると圧倒的に車高が低い。レールの上を走ることが出来ても、従来の駅のホームは位置が高すぎて乗降が不可能だ。

このためDMVに対応した専用の低床ホームが必要となる。DMVのルートに

ある元鉄道駅は、阿波海南、海部、宍喰、甲浦の4駅だが、このうち阿波海南と甲浦は線路を降りた先に停留所があるためホームが不要だ。海部と宍喰のみ、従来の鉄道ホームとは別の位置に低床ホームが設けられている。ホーム長は10mで、従来の駅ホームより短い

奥の緑色の部分がDMVの低床ホーム。手前の線路を切ってホームが出来ている。手前右側が従来ホームで、高さの違いがよくわかる

気動車とDMVの比較。これだけ車高が異なっている

構内踏切

DMVは普通の鉄道車両と違って、運転席も乗降口も片側にしかない。そのため線路のある場所で乗降するには、ホームが両側に必要となる。

海部では、かつて構内に列車交換（すれ違い）用の線路が敷かれており（牟岐線との接続にも使用）、宍喰では引き込み線が敷かれていた。その片側を廃止することで、線路を挟んで左右に低床ホーム

を設けている。

この際、片側のホームに渡るため踏切が必要になる。海部では従来あった踏切を改装、宍喰では新たに踏切が設けられた。

この踏切もDMVに対応したものとなっており、後輪ゴムタイヤが急に乗り上げないようにスロープ状に造作がされている。

海部の構内踏切。もともとあった構内踏切を改装している

踏切面。ゴムタイヤのふれる外側がスロープ状になっている

進入ゲート

モードインターチェンジの置かれている阿波海南と甲浦は、道路と地続きになっている駅でもあり、注意しないと一般車両が進入することにもなりかねない。

そこでモードインターチェンジに至るルートには、遮断機のあるゲートが設けられており、DMV以外の車両は進入出できないようになっている。

阿波海南でゲートから出てくるDMV。後ろに遮断機が上がってるのが分かる

甲浦。モードチェンジに至るスロープの手前で遮断機が下りている

阿波海南の上り方ホーム。DMVの横
にある黄色いタンク中央の柱について
いるのが赤外線通信装置。これで鉄道
区間を進出したことを検知する

阿波海南のモードインターチェンジ
についている赤外線通信装置

阿波海南のモードチェンジがら20
mくらいの場所にも赤外線通信装置
がある。モードインターチェンジに
進入することを確認する

海部の下り方にある
赤外線応答装置。上
り方は反対ホームに
ある

甲浦の赤外線通信装
置。これが設置され
ているため、甲浦の
旧ホームには出入り
が出来ない

運転保安
システム

　鉄道を安全に運行するにあたって、現在車両が線路上のどの位置にいるのかを把握することが重要だ。位置を把握することで、走行する列車や周囲の安全を確保できるようになるためだ（駅ホームの状況や、後続列車、踏切など）。

　従来の鉄道システムでは、2本のレール間に電圧をかけている。そこに鉄輪が触れることで、両レールとの間で回路が形成され微弱な電流が流れる。電流の流れている位置で車両位置を特定していた。

　だがこれは、約40tもある従来の鉄道車両ならではの仕組みでもあった。DMVは約6tと軽いため、鉄輪とレールの接触による回路形成が不十分になるケースがあった。このためDMVでは車両検知や通信などの伝送を新しくした運転保安システムを導入している。

　GPSで自車位置を測定しつつ、車軸の回転数をカウントし距離を積算して位置情報をダブルで把握する。そのうえで、各駅に設けられた赤外線応答装置によって駅到着時に位置情報を補正する。これらの情報は、携帯電話回線で運転保安システムと通信して同期している。

宍喰駅の赤外線応答装
置。停車位置に合わせ
て低床ホームの端に設
置されている

運転保安システムのモ
ニタ。リアルタイムに
車両位置を把握できる
ようになっている他、
信号現示なども一目で
わかる

6は閉塞境界の標識。
1つの閉塞の中に同時
に存在できる車両は1
台まで。このようにし
て衝突などの危険を回
避している

両モード対応の車両を作りあげた男たち

マイクロバスを改造して線路の上を走らせる。
そんな夢のような車両を現実のものに
着地させた人たちがいる。
車両の開発を担当したNICHIJOの
スタッフに話を聞いた。

現在、阿佐海岸鉄道で走っているDMV。実はこの車両、元々はJR北海道が2002年から2014年にかけて開発を行っていた車両だ。鉄路の維持が難しくバス転換を避けられない路線を抱えていたJR北海道は、鉄路と道路をシームレスにつなぐことのできる車両があれば、利用者の利便性を著しく損ねることなくバス転換が可能になると考えた。

これを実現するべく、マイクロバスを改造し、軌道上を走らせようと考案したのが2002年当時専務であった柿沼博彦氏だ。マイクロバスの内側のタイヤ幅が、線路の幅（狭軌。1067mm）にちょうどマッチしていたことも、この構想に拍車をかけた。

しかしJR北海道単体では、この新機軸の車両開発は荷が勝ち過ぎた。そこで共同開発先としてパートナーを組んだのが、除雪車をはじめとした事業用車を多く開発するNICHIJO

技術総括部 担当部長
（元執行役員 兼 技術総括部長）
太田正樹氏

NICHIJOの技術サイドとして、一番最初からDMVの開発に携わる。主にJR北海道でのDMVの開発を担当し、DMV全体のプロジェクトを把握

理事・技術総括部
副総括部長 兼 制御開発部 部長
平山英樹氏

DMVの要の一つである制御ソフトウェア開発を担当。最初期は仕様検討プログラムから作った。92シリーズ以降は管理側として関わる

品質保証部
副部長 兼 課長
遠藤泰俊氏

DMVの1号機である901から、最新機である阿佐海岸鉄道の93シリーズまで一括して設計などを担当。主に構造面の開発に携わる

（当時は日本除雪機製作所）だ。NICHIJOでは道路用のみならず、軌道用の除雪車両を開発しており、道路←→鉄道を実現する仕組みにはNICHIJOの持つ油圧制御技術が必要不可欠だという見通しがあった。

こうして始まったDMVの開発は、一歩一歩着実に実を結んでいく。しかし2014年9月、JR北海道では北海道新幹線の開業と安全対策に経営資源の集中を図るため、開発を断念。幻の車両となるところだったが、2021年、阿佐海岸鉄道で実を結んだ。

ここに至るまで苦節20年。DMV開発の裏側では何があったのか、車両開発に当初から携わってきたNICHIJOのお三方に話を聞いた。

始まりは
リバースエンジニアリング

車両の開発で一番苦労した部分は何かと聞くと、驚くべき答えが返ってきた。「ベース車両の仕様が一切公開されないので、リバースエンジニアリングをして解析していったこと」だというのだ。

遠藤 901、91シリーズは日産『シビリアン』をベース車両にしていたんですが、全く情報の開示がないんですよ。なので車体を全部バラして構造をスケッチしたり、制御的な部分では配線を切ってどういった状態のときにどんな電圧が立つかなど電気的な解析をしましたね。

太田 92シリーズではトヨタ『コースター』に車両を変えましたが、日産と同じく基本的に一切情報の開示がないんです。図面、制御、信号は独自で調べるしかない。

平山 JR北海道さんが求める鉄道で走らせるための機器をつけたり、「こういう時にはこう止まってください」などの仕様を実現するためには、どうしても車両側との信号のやり取りが必要なんですが整備マニュアル程度しかなく……。信号をうまくつなぎこんで、要求の形にしていくっていうのが苦労しました。バスで求められる要件と鉄道で求められる要件は考え方が違うので、自動車メーカーは鉄道で走らせることを想定していないから「そんな公開できない」ってなっちゃうのもわかります。一台限りの車両にそんなにパワーかけられない、ってなりますよね。

一方メーカー側も簡単に開示できない理由があった。制御周りは細かく担当が分かれており、誰か一人が全体の仕様を把握しているわけではなかったためだ。例えばブレーキ、ドア、メーターなど各部ごとに担当

者が異なる。ドアの開閉の信号が分かったとしても、その際に点灯するランプに関してはまた担当が別、といった具合だ。

平山 最終的に、阿佐海岸鉄道さんの93シリーズの時には開示してもらえることになりました。試験機から次のステップに上がるためには車両メーカーさんの協力がないと安全が担保できないですから。既に開発が終了してる車両でプロジェクトは解散してるので、分かる人を探してもらうところからでしたね。私と部下の2人でトヨタ本社で技術者の方と話しましたが、テーマごとに1時間ぐらいで次々とエンジニアが変わって、「こういう信号がほしいんですが出来ますか」って仕様を聞くって感じでした。いまやドア1つでもCPUがあって制御ソフトが入っている。それらを一括で把握出来ている人はいなくて、それぞれ個別。大変でしたけど貴重な経験でした。

後輪駆動の荷重バランス

DMVの大きな特徴は、鉄道モード時、車両前部を前ガイド輪で持ち上げ、車両後部を後ガイド輪で保持し、ゴムタイヤの後輪で駆動を行う点だ。しかし前後のガイド輪は、車両を持ち上げるだけの単純なものではない。緻密なバランス制御が行われており、制御面でDMVの最もコアとなる部分だ。

基本となる後輪側の荷重バランスは、ゴムタイヤ6：ガイド輪4。JR北海道で何度も試験を繰り返した果てに得られた最適解がこれだった。

平山 例えば駆動力を上げたかったら、ゴムタイヤに荷重をかければいいわけです。ただ、それをやりすぎると脱線してしまう。後ガイド輪に一定のバランスで荷重をかけることが必要なんです。また、お客さんの数によって車両の重さが変わるので、ドアを閉めるたびに車両全体の荷重を測ってバランスを調整しています。

太田 後ガイド輪の圧力を変えてタイヤの荷重を変えているんですよ。鉄輪に荷重をかけすぎると、加速が鈍くなるし、スリップします。一方でゴムタイヤに荷重をかけすぎると接地力は上がりますがタイヤの摩耗が多くなりますし。

平山 後ガイド輪に荷重をかけすぎるとゴムタイヤが空転して全然加速しません。そのバランスを最初の頃、いろいろ試験しましたね。まずゴムタイヤにどれだけ荷重かける？　って。あんまりかけすぎると脱線するよね。後ガイド輪にかけたら今度加速しないしね、制動距離も伸びるね。そういうバランスをいろいろと試験して。

太田 これが一番ポイントだね、制御の中では。重しを乗せて軸重測って、どのくらいのバランスになるかをデータとってグラフにしていまし

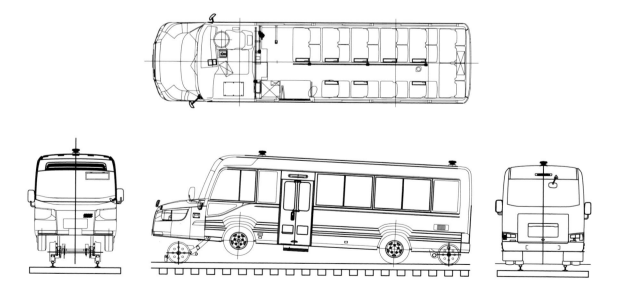

DMV93シリーズ外観図。
軌道走行姿勢

たね。

平山 ブレーキをかけるときは、前ガイド輪のディスクブレーキだけじゃなかなか止まらないので、ゴムタイヤのほうに荷重をかけてブレーキを効かせるという制御もしています。加速の時もそうですね。ただ一定速度になったらタイヤに荷重がかかっていると燃費が悪くなったりするので軽くして。この2つのバランスは、シビアに制御しています。

試験を進めていくと、最低限の加速度を達成できる程度のゴムタイヤの荷重だったら、タイヤを長持ちさせられるよね、とか、なるべく鉄輪で走るほうが転がり抵抗低いので燃費よくなるんだよねってことで、速度が一定以上になり、ある操作をすると鉄輪だけで走るとか。ゴムタイヤを完全に浮かせる試験したよね。

遠藤 923がそうですね。

平山 グッとタイヤが浮いてすーっといくという。一定以上の速度が出ればタイヤを浮かせてしまえば惰行しますから、燃費でいくと完全に浮かせたほうがいい。ただ、何を優先するかで今の安全第一、脱線しない制御を取りました。当初の目論見よりは後ガイド輪側に荷重がかかっています。

北海道での実用化を阻んだ雪

阿佐海岸鉄道で初めて実用化されたDMV93シリーズだが、基本的にはJR北海道で開発されていた92シリーズと同一のものだ。営業運転用に精度を上げ、保安システムを詰め、連結など一部機能をオミットしているが、根本は一緒だという。

ではなぜ北海道で実用化できなかったのか。

一番の大きな原因は雪だ。

普通の鉄道車両であれば、雪がある程度降り積もってもそのまま走行できる。レールに鉄輪のフランジが引っ掛かれば脱線はしないので、自重で雪を圧縮したり跳ね飛ばしたりして走行が可能だ。

しかしこれがDMVでは大きな障害となる。レール上面の積雪ぐらいは大したことないが、問題はレールからはみ出した部分だ。DMVの駆動輪はダブルのゴムタイヤで、内側はレールに接しているが、外側は普段浮いている。この部分が積雪の盛り上がりなどで乗り上げてしまうと、途端に脱線してしまう。

また除雪車での除雪も、レール周囲を全て露出するわけではない。さまざまな構造物があるため、あくまでレール上面数センチ上の平面を除雪するにとどまる。

平山 うちは除雪車メーカーなので、何とか考えてくれと言われて、前ガイド輪に大き目のフランジャーをつけた実験などもしましたがなかなか難しくて。お金をかけて開発していけば不可能じゃなかったんでしょう

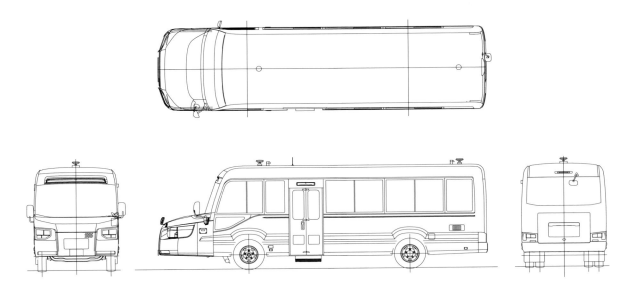

DMV93シリーズ外観図。
道路走行姿勢

一番最初に「本当に実現できるのか」を試すため、
フレームで組んだモックアップ。走行用のエンジンはついていないが、
鉄輪の上げ下げを行う油圧ポンプ用のエンジンを搭載していた

けど……。

阿佐海岸鉄道の走る徳島では、ほぼ雪が降らない。そのためこの部分はクリアとなっている。

このゴムタイヤ後輪は、もう1つの問題をはらんでいた。踏切だ。

平山 鉄輪に一定以上の荷重がかかっていないと脱線する恐れがありますが、DMVが踏切を通過する時、荷重がふっと抜ける場合があるんです。この理由は、タイヤが踏切に乗り上げてしまうんです。

太田 踏切ではレールの面と板の面が同じ高さになっていますよね。なにかがあって外側のタイヤがボコって乗りあげてしまったら浮いちゃうんですよね。

平山 制御的には、後ガイド輪に一定以上の荷重がかかるように、ゴムタイヤと後ガイド輪の荷重をコントロールしています。これが踏切でふっと抜けると、荷重をかけても追い

つかない。電気的に反応できても、油圧的に反応できないところがあるんです。

──確かに、一瞬で油圧をかけるのは物理的に困難ですね。

平山 阿佐海岸鉄道さんは踏切がないので、実用に向けてのハードルは低くなっていたんだと思います。最終的に解決したんだっけ?

遠藤 対策は取ってありますよ。抜けないようにアキュムレータを入れ

DMVの1号機であるDMV901。
車両後方もボンネットのように
膨らんでいるが、これは油圧関連の
ポンプなどを収めるスペースを
車両後面に確保したためだった

てますし、物に乗り上げても大丈夫ですね。制御で追いつかない部分はハード側で対応しています。

廃車からモックアップ

現在阿佐海岸鉄道で走っているDMVは、93シリーズ（931/932/933）だが、ここに至るまでさまざまな実験機・試験機を経ている。

最初の試験機は901と呼ばれる車両で、2004年に完成。次に連結実験用に開発された91シリーズ（911/912）。そして2007年に新ボディ用の試験機である920、2008年6月以降に三重連や運用を目指して開発された92シリーズ（921/922/923）と続いた。

これらのおおもとになったのが、太田氏が最初に設計した実験用のモックアップだ。

太田 廃車になる車を買ってきて、全部バラしてフレームだけにしてモックアップを作りました。走行用のエンジンはついてなくて、手で押すだけなんです。レバーを引くディスクタイプの駐車ブレーキがあって、それで停車と減速をやっていました。

平山 何を評価しようとして最初作ったんですか？

太田 DMV構想がそもそも、本当に実現出来るのかどうかってところから始まったんですよ。車輪だとかガイド輪とかをつけてみて、どうなんだろうかと。ちょっと面白いのは後輪ですね。今と違ってダブルタイヤじゃなくて、タイヤの内側にフランジのない鉄輪がついてたんです。タイヤの半径よりちょっと小さい鉄輪が。これが駆動用で、これ以外に前と後ろに別々にガイド輪がありました。あと、前ガイド輪が曲線に沿うように動くようになっていました。曲線で若干動いて、直進になったらまっすぐになるという復心機構的なものです。ただ非常に構造が複雑で

重くなるので、乗車定員確保するために後の車両では採用されませんでした。代わりに車軸の周りにゴムブッシュみたいなものを入れることで、乗り心地と曲線の時のレールのなぞりが出来るように改良されてますね。このモックを見て「なんか行けそうだな」っていうところから、次の901をやってみるかって話になったと思います。車として本当に成り立つのか。動くのか、ブレーキかけられるのか、と。

平山 走行試験はJR北海道の苗穂工場にある直線路で実施していました。そこで基本的なことを確認したうえで、制御的、機械的な試しをして。油圧を制御するための動力は車のエンジンじゃなくて、小っちゃいエンジンを後ろに積んでましたね。

遠藤 そうですね。次の911から、車のエンジンの動力を使って油圧を発生させてました。

太田 901だとエンジンもそうだけ

連結機能を備えた
第2世代のDMV911と912。
車両後面同士、前面同士、前後面同士、
それぞれで連結を行えるように作られた。
これは様々なデータを取るために
必要な構成だった

第3世代のDMV921、922、923。
前後同士でのみ
連結出来るように変えられたが、
三重連までが可能となった

ど、油圧ポンプも油圧タンクも、電磁弁も、全部油圧機器って後ろに入れてたじゃない？　でも911からは全部車体に振り分けた。現車であそこのスペース見てそこのスペース見て、こうやって配管つないでって。

遠藤　苦労しましたね。ただ整備性はよくない構造になってますね。

平山　91シリーズは、連結がメインなんですよ。制御的には前々、前後、後後のパターンを区別して、それに合わせてエンジンを同期するパターンと、逆につないだ場合はエンジン切らなくちゃいけないから前側だけで走るなど、いろいろやりました。あと、前後の連結パターンだと片一方はずっとバックになるわけなので、長距離のバックに耐えられないから対応しましたね。

遠藤　ミッションとリアのデフの間に、伝達を切る装置がついてます。

平山　この91シリーズまでで、いろんなことを試して何がいいかという

最適解を出したわけです。そしてやっと運用を目指したのが92シリーズ。今の阿佐海岸鉄道さんの原型ですね。

遠藤　連結は全部、前を向いている状態です。最初はシビリアンと同じように車両調査をしていましたけど、途中から車両メーカーの関連会社さんが協力してくれました。

平山　機械のほうだけね。制御のほうは全くです。阿佐海岸鉄道さん向けの車両製作の時に初めて細部を開けました。

モードチェンジの工夫

平山　モードチェンジを15秒で達成するために、前ガイド輪下げて後ガイド輪下げて、前タイヤ上げて。重量測って……とやってます。1秒でも速くモードチェンジさせようと一生懸命頑張って実装して、苗穂の工場で「速い速いOK！」ってなっ

たんですよ。けれど、いざ実際の線路を走らせようとしたら、いろんな手続き……DMVは線路を占有するんで、線路に入る前に「入ります」って指令に許可取って、線路を封鎖する手続きとってって、結局20分ぐらいかかって線路入ったという。運転士もバスと鉄道で変わらないといけないし。

遠藤　阿佐海岸鉄道は専用線なんで、線路に入る手続きが少ないんです。

——ガイド輪を上げ下げする仕組みはKBR108Rと酷似してますが、どちらが先ですか？

太田　軌陸用のロータリーはKBR以前にもあったんですが……どっちが先だったかな。うちの会社であれば普通に考えつく機構ですから、動きにすること自体は苦労はなかったんです。ただ油圧シリンダーとかガイド輪だとかをバスのフレームにつけて、強度的に大丈夫なのか。その辺のほうが心配でしたね。

乗り心地対策

遠藤 DMVは乗り心地対策として、前ガイド輪の車軸の軸受け部にゴムブッシュが入っていて、レールからの一次振動を取っています。ただそれだけだと取り切れず、前ガイド輪を上下させているシリンダーのピン部にもゴムブッシュを入れて、さらに油圧回路上にアキュムレータをつけて、シリンダーをサスペンション代わりにして出来るだけ振動を取るようにしています。

後ガイド輪にも同構造をつけていますが、アキュムレータは前述した踏切通過時の脱線対策にもなっています。そこまでやって、乗り心地も最終的には合格ラインになりました。

安全機構

平山 安全機構はJR北海道さんといろいろ議論しながら進めました。DMVは油圧でいろいろ動かしているんですけど、万が一そこに不具合が出て前ガイド輪が落ちこんだら、前輪ゴムタイヤが接触して脱線につながります。そういった走行姿勢の崩れを検出できるよう、前ガイド輪などの装置を監視しています。例えば姿勢が全部崩れたらリセットは簡単なんですが、1個だけ崩れたら、2個だけ崩れたら、などを議論して詰めていきました。

遠藤 いろいろな条件がありますが、ある条件になると、非常ブレーキがかかるようになっています。

平山 駆動部が止まって走れなくなります。ただ線路の上で完全に止まっても困るので、1個ずつ条件をクリアできれば、再び走行できるようにもなっています。

遠藤 お客さんを乗せているので安全が第一優先されるんです。事故を起こす前に車を止めるというのが重要です。

平山 各所センサーの状況はモニタで確認できるようになっています。崩れている箇所が分かれば、マニュアルで1つ1つ上げ下げして対策できるようになっています。

連結システム

DMVの定員は最大29人。これはもともとのマイクロバスの仕様に起因するものだ。JR北海道では、もっと多くの乗客を運ぶべく、DMVの連結テストに入った。そのために製作されたのが91シリーズで、その発展型が92シリーズとなる。

連結と言ってもただ車両をつなげればいいというものではない。2両、あるいは3両の車両のうち、運転士は1両のみにいて、そこからすべてをコントロールする必要がある。

平山 ブレーキをかけるとか走れなくするなんかは多少の改造で済むんですが、連結して他2台は無人となると話は変わります。エンジンを我々でコントロールしなきゃならない。どうエンジンの回転数を上げる

NICHIJOが開発した、道路/鉄路を行き来できる軌陸両用ロータリー除雪車KBR108R。これの前身となるKBR102はDMVの開発とほぼ同時期に行われている

現在、プロトタイプ車両で
現存しているのはNICHIJOが保有する
DMV922のみ。各種ロゴなどの
ステッカーは剥がされている

のか、ブレーキをどうやって同期させるのか。その解析にまた苦労しました。

　各車両で完全にエンジンやブレーキをコントロール出来ないと、事故の元となる。実際、テスト段階では後ろの車両の制動が間に合わず、前の車両に近づきすぎて連結器を中心にへの字の形に乗り上げてしまうこともあった。

　また連結した車両は、安全性確保のため基本的に車両間を行き来できないといけないのだが、DMVでは構造上それが出来ない。JR北海道では、カメラをつけて車内を監視できるようにすることで、構造上の問題をクリアしていたようだ。このほか、どの車両からでも非常停止が出来たり、通話装置が組まれたり、避難ばしごが装備されるなどしていた。

　ただこの連結、普通の鉄道のものとは異なっていた。

遠藤　普通の客車みたいに密連のよ

うな重いものはつけられないので、自前で軽い連結器を開発しています。ピン式なので15分ぐらい連結にかかりますが。

平山　モードチェンジしてからだよね。後ろが無人と言っても連結のためには運転手が要るんです。

　機械的に連結器のピンにリングを通すほか、車両間の制御通信用のケーブルを接続する形となっている。

　この機構は阿佐海岸鉄道の93シリーズではオミットされている。

次期車両について

　93シリーズが走りだしてまだ半年ばかりだが、車両開発の技術やベース車両は2008年当時に組まれたものだ。

　今後、どこかで新たなDMVを導入しようとすると、新たな車両開発が必要となるという。

平山　お客さんを乗せる車ってハー

ドル高いんですよね。NICHIJOのメインはあくまで産業用なんです。だから改造っていう発想になったんですけど、安全性の規制も多くなりましたし、制御的に改造するのも難しい状況ですし。今後、新車両を改造で作るというのは相当困難かと思います。

遠藤　法規制も変わってきてますし、同じような形では、もう作れなくなりそうですね。

平山　うちの力だけでは無理ですね。同じコースターでも、モデルチェンジしていて、同じ車はもう売っていないんです。フレームや構造物もそうですが、制御側もチップからソフトから全然変わっているので同じようにはいかないんです。

遠藤　次は電気自動車でって話になるんじゃないかと思いますけどね。

連結用のボックス。
開けると、制御ケーブルを
2つ接続するための
ソケットがある

赤外線通信装置。
阿佐海岸鉄道のものより
上に位置している

背面にあるボックスは、
連結器用のボックス。連結機能を
省いた阿佐海岸鉄道の
DMVには存在しない

連結のため、前面のボンネットセンターが
開閉できるようになっている

中央下が連結器。左右上にある丸い部分が
車両制御用の各種電送ケーブルを接続する端子だ

前面のボンネット部車両下部。
阿佐海岸鉄道の93シリーズとは若干異なっている

後面の車両下部。この写真には写っていないが
寒冷地用だったため室内用のヒーターが装備されている

世界で
ここだけの
車両を
実現した

世界でただここだけの、
線路と道路をシームレスに結ぶ車両・DMV。
JR北海道で断念されたこのシステムを
花開かせたのは徳島県だ。
徳島県の飯泉嘉門知事が地域活性化の一つとして注目し、
次世代交通課が中心となってそれを実現に導いた。
しかしそこまでには様々な課題が山積していたはずだ。
実用化に向けて尽力してきた一人である
中本氏に話を聞いた。

導入の検討に至った経緯

　線路と道路をつなぐDMV。この全く新しい車両を導入するために舵を握ったのは、徳島県だ。そもそもの始まりは、徳島県と高知県の沿線自治体などがそれぞれ出資する第3セクターの鉄道会社・阿佐海岸鉄道が大きな赤字を抱えていたことだ。

　阿佐海岸鉄道は1992年の開業以来、赤字の続いていた会社だ。とはいえその額は小さく、地域の足として重要な位置を占めていた。しかし過疎化・少子化が進み、沿線の高校統廃合などの影響もあり、通学客などの利用者が減り続け危機的な状況を迎える。

「2005年に、飯泉知事が当時のJR四国社長と一緒に、JR北海道の苗穂工場まで視察に行きDMVの試験車両に乗車したところ、地方における公共交通の新たなモデルになるのではないか、との強い思いを持ったよ

徳島県
次世代交通課 課長補佐
中本雅清氏

2019年から次世代交通課でDMVに携わる。
組立車申請から、駅舎ホームの改良と、開業までの様々な課題に対応

ガイドラインの主な項目

DMV専用線区
単車運行
線路上で行き違いしない単線

線路要件
・長大トンネルなし
・モードインターチェンジは線路両端のみ
※曲線R300(最小)、勾配-25‰まで検証済み

鉄道駅
・赤外線による位置補正
※低床ホームで旅客を乗降

DMV運転保安システム
・位置検知機能
・伝送機能
・進入出手続機能
・運転方向制御機能
・閉塞制御機能
・列車自動停止機能
・踏切制御機能

うです」

徳島県は、JR北海道での実用化後には阿佐海岸鉄道が運営する阿佐東線に導入したいと考え、国土交通省主催のDMV技術評価委員会に参加させてもらうなど、DMVへの知見を深めていく。しかしJR北海道は、2015年に北海道新幹線と安全確保に経営資源を投入するためにDMV実用化を断念してしまう。
「そこで、飯泉知事が、本県が中心となってDMV導入を進めていくことを決断しました。国土交通省の方々も、我々がDMV導入に前向きであることを知っていましたので、阿佐東線への導入を後押ししてくださいました」

導入へのハードル

JR北海道での当初計画では、既存の鉄道車両を走らせながら1両ずつDMV車両を導入していくという構想だった。つまり従来の鉄道車両とDMVが同じ線路を走り、DMVだけがその後バスとして一般道路を走るという流れだ。

ところが、DMVの検討を続けていくなかで、さまざまな課題が見えてきた。JR北海道が実用化を断念した同じ時期に、技術評価委員会の「中間とりまとめ」でDMVを導入するための前提条件が示された。つまり、この前提条件をクリアできるのであればDMVを導入しても構わない、という内容だ。

そこに示されていたのが「DMV専用線区」「線路上で行き違いしない単線」「連結なしの単車運行」などであった。つまり既存の鉄道との併用は行えず、DMV専用線である必要があった。
「他の自治体や鉄道事業者もDMVには注目していましたが、この前提条件をクリアすることが難しい。というのも、朝夕の通勤通学の時間帯には大量輸送できる鉄道車両を走らせて、昼間の人が少ない時間帯にはDMVを走らせる、といった運行に期待を寄せていたが、専用線区となれば、通常の鉄道車両を走らせることができないし、単車運行となれば、朝夕のラッシュ時に対応できない。しかし阿佐東線では、朝夕の通勤通学客がそれほど多くなく、昼間のお遍路さんや外国からの観光客でピークを迎えるといった状況でした。それらを加味すると、阿佐東線は前提条件をクリアすることができる数少ない路線の一つでした」

観光の起爆剤へ

過疎化・少子化が進み、通勤通学客のいなくなった鉄道路線は、往々にしてバス転換されることが多い。

しかし阿佐海岸鉄道はそれを選択せずDMVの導入に至った。理由は2つ。「バス転換しても会社の運営が改善する兆しが見えないこと」「DMVを観光の起爆剤として地域の活性化を図ること」だ。

地域住民の足を守りつつ「新たな人の流れ」を作り、鉄道事業を継続しようという構想だ。
「新たな人の流れを呼び込むことができれば、乗車人数も増える上、地元での飲食や宿泊など地域活性化にもつながっていきます。そういった地域活性化への貢献にも期待が持てることから、沿線自治体の方々もDMV導入にご賛同してくださいました」

阿佐海岸鉄道が赤字の会社であったことは先にも述べた。そのため開業当初から沿線自治体が補助金を出しあって基金を創設し、阿佐海岸鉄道の運営を支えてきている。こういった過去からの協力体制もあり、地元の理解を得やすい環境にあったのだという。

運用への課題

DMVの車両に関しては、JR北海道で開発されたものとほぼ同じ構造であったため、車両設計や製作については、比較的順調であった。また、線路条件がJR北海道と異なるため、実際に阿佐東線でDMVを走らせて制動距離や走行安全性などの性能試験を行った際には、JR北海道や開発企業などの協力を得ることで様々な課題をクリアしてきている。ただし、JR北海道のリソースがほぼそのまま使えたのはここまで。

「構造物や運転取扱などに関する基準や規則といった法令的な部分については、JR北海道では試験運行までであったこともあり、DMVの営業運行に対応していないものが多く残っていました。世界初で前例もないため、国土交通省や阿佐海岸鉄道の方々と一緒に手探りで進めていくしかありませんでした。また、運転保安システムが従来の鉄道車両と違っており、JR北海道の時点で設計までは出来上がっていたのですが、最後の実用化に向けての部分が詰め切れていませんでした。このため、実際に問題なく機能するか実車を走らせながら確認し、国土交通省や学識経験者の方々に検証していただき

ながら進めました」

旧阿佐東線と大きく変わったところは駅だ。もともと線路が高架の上に敷設されており、DMVを実用化するには地上の道路に接続させる必要がある。南側の起終点となる甲浦では180°まわる大型のスロープが設けられたが、北側の起終点となる海部でのスロープ設置は困難であった。甲浦周辺は畑であり用地の確保が容易であったが、海部周辺は住宅地であるためだ。

「様々な案を検討していく中で、隣接するJR四国の阿波海南駅が地上駅であったことから、JR四国から阿波海南駅から海部駅間を譲り受けてモードインターチェンジを作れば、海部駅にスロープを設けるよりも安価に施工できることが分かりました。また阿波海南駅が海陽町の中心地にあるということもあり、JR四国に相談させていただきました」

DMV導入にあたっての事業内容や予算決定などは、すべて『阿佐東線DMV導入協議会』に諮り、賛同を得たうえで実行してきている。このメンバーは徳島県、高知県のほか、美波町、牟岐町、海陽町、東洋町といった徳島から高知にまたがる沿線自治体で構成されている。

運行ルートの策定

DMVの利点の一つは、バスモードで一般公道を自由に走ることができるという点だ。しかし阿佐海岸鉄道のDMVでは、主だった観光地を結ぶように停車場があり、細かく縫って走るような運用をしていない。これは既存のバス事業者との競合を避け、共存を図ったためだ。

「地域公共交通会議を開催しており、バスやタクシーなどの公共交通事業者、地域を代表する方々に集まっていただき、地域の交通事情などについて議論していただいています。その会議にルート案と運賃案をお示しし、幹となるアクセスをDMVで運行し、その先の観光施設へのアクセスは既存のバスを利用していただく、との内容を説明し認めていただきました」

運賃については、鉄道区間は既存利用者に負担がかからない現行の運賃に近づけた設定にしており、バス区間は既存バス事業者と競合しない観光客向けの運賃に設定している。

室戸岬とその先

阿佐東線は海部〜甲浦というたった3駅だったが、そもそもの計画では、徳島県の牟岐と高知の後免とを室戸を経由してつなぐ、阿佐線という計画であった。しかし1980年代初めに計画は凍結。海部〜甲浦をつなぐ阿佐東線と、後免〜奈半利をつなぐごめん・なはり線を別々の会社で開業し、甲浦〜奈半利間は工事されずに終わっている。DMVはこの未成線をつなぐ夢も乗せている。

「JR牟岐線の特急の名前が『むろと』なんです。徳島県だけしか走っていないのに。そこで飯泉知事がJR四国社長に〝本県ゆかりのある名前にしてもらえないか〟という話をしたところ、国鉄マンのロマンが詰まっていると。国鉄の時代に室戸まで走らせるという夢があり、それを継い

高架線からスロープを設けた甲浦駅

でいると。そういった背景もあり、DMVでは室戸まで行こうという話で進みました。ですが、甲浦〜室戸間ではすでに路線バスが運行していましたので、高知県の方にもご協力いただき共存できる形を模索しました。結果、土日祝の1日1便とし、路線バスと競合しないよう室戸岬周辺だけで停車するようにしています」

夢というのであれば、奈半利までつなぎ、未成線の空白部分を埋めたい気もするが……人員的な問題でなかなか厳しいようだ。

「阿佐海岸鉄道の運行体制、運転士7名、車両3台という現状を鑑みると、今のダイヤが精一杯です。もし今後、運行ルートを先に延ばしていくという話になれば、社内体制や車両台数にもかかわってきます。したがって、運行ルートの延伸などについては、沿線自治体と協議しながら検討していく必要があります」

この人員の問題はダイヤの策定にもかかわっている。旧阿佐東線では、6時から20時まで1時間1本ペースで運行していたが、DMVでは6時から18時まででペースも時間帯によって1時間0本〜2本となっている。朝夕の通勤通学利用者に応えること、昼間の観光需要に応えること、地域の足を守ること、そういった観点を限られた人員で対応できるダイヤとなっている。

「一つ工夫しているのは、先行便と続行便という考えなのですが、1台目と2台目の間隔を10分ぐらいにしている点です。貸し切りバスで大勢が来られた場合でも、10分遅れで乗車出来るようになっています」

車両の更新

2021年に導入されたDMVだが、1台目は2019年に完成している。

元々はマイクロバスであり車体寿命もそれに準じており、約5年ではないかと開発元のNICHIJOは見ている。意外に早く車両更新が来そうだが、そのあたりはどのように考えているのだろうか。

「今後検証していく課題ではありますが、車両に関しては年数よりも走行距離で考えていく必要があると思います。定期的にメンテナンスなどを行えば、一定の距離は走れるものと考えています。技術評価検討会で課題として残っているのが長期的な耐久性です。交番検査や重要部検査など、1年経た時点の結果を踏まえて技術評価検討会に諮り、長期耐久性を検証してもらいます。あとはエンジンや架装した鉄道部品の耐久性などについても考えていく必要があります。前例のない車両であるため、まずは1年間データを蓄積し、予測を立てていきたいと考えています」

室戸岬は当初からの
目標地点でもあった

地域の活性化をDMVで牽引する

線路では行けなかった観光地をつなぐ夢の乗り物DMV。
鉄道好き、旅行好きからは楽天的にそう思われそうだが、
阿佐海岸鉄道にとってはもっと重要なミッションの牽引役。
どうにもならない沿線状況を打破するための
起死回生の一撃でもあった。

住人が鉄道に乗らない

DMV導入以前、阿佐海岸鉄道の沿線自治体は徳島県海陽町と高知県東洋町だった。ところが両方合わせても人口が1万1千人ほど。しかも住人のほとんどが自動車利用者だ。つまり阿佐海岸鉄道を活用する地元住人は数えるほどしかおらず、何か用事があるときに利用する公共交通だったという。

そのうえ駅の全てが高架にありエレベータやエスカレータの設備がないため、免許のないお年寄りもバスに流れてしまう。一番多かったのは観光客だった。

「阿佐海岸鉄道へのDMVの導入は、『観光による地域の活性化』が最も大きな目的なんです。既存のインフラを活用し、バスの機動力を生かし、みんなも便利になりながら話題性が出て観光客も来てもらえる」

そう語っていたのは、2019年に代

表取締役専務に就任しDMV開業まで尽力した井原豊喜氏だった。2022年3月に退任となったが、DMVの顔としてプロモーションに駆け巡っていた。

しっかり地域を起こす

すべりだしたDMVの新たな担い手として、代表取締役専務に就任したのは、南博文氏。もともとは広告畑の出身だが、徳島県での広告代理店業を進める中でやり切った部分があり、新たなことに挑戦したいと阿佐海岸鉄道の門をたたいた。
「阿佐海岸鉄道沿線のコンテンツは、面白いんですが、どう発信していくか。今年はDMVの運行もあり、話題性はありますがこの間に次を仕掛けないといけない。奈半利までつながればまた別の話題になると思いますが、それよりも地域をどうにかしていきたいですね」

例えば宍喰駅と、道の駅宍喰温泉。片や線路の途中駅、片やDMVの終起点駅。DMVだと17分間の距離だ。

宍喰駅を降りてみると、周りは田んぼと学校、住宅地が広がっていて、ちょっと観光という雰囲気ではない。

道の駅宍喰温泉は、目の前に海が広がっているほか、道の駅とホテルが隣接しているが、そこを少し外れると山と住宅地。しかも初めてDMVに乗って来た人にとっては、ひとつ手前の駅から山を抜け海岸線

かつての阿佐東線の姿。抜群の景色だが、乗客は少なかった

を走り、かなり遠くまで来たな、という感じがしてしまう場所だ。

ところがこの両駅、実は意外と近く、徒歩なら15分ほど。レンタル自転車を使えばわずか5分の距離だ。これはDMVの路線が「6」の字を描くようなルートだからなのだが、初見ではなかなか気づかない。実際、DMVで宍喰温泉にやってきた人は、終点を確認すると、そのまま約5分後に出発する便で戻る人も少なくない。
「間に、にぎやかな商店街があるわけではないですが、いいお店は点在してるんですよね。出来ればこの両駅間を歩いていただけるような、滞在型の観光ができるようにしたいですね。なにか気軽な食の名物があればいいんですが、宍喰の名物は伊勢えびなので、ちょっと敷居が高い。宍喰だけでなく、海部も近くに定食屋さんや美味しいお店がありますし、

通過するのではなく降りて楽しんでいただける方策を考えていきたいところです」

ちなみに海部では、きゅうりタウン構想というものがある。温暖な気候かつ冬でも日照量が多いことから、きゅうり栽培に適しているという。促成キュウリの一大産地を目指してJAかいふが力を入れている。この構想を後押ししようと、地元のベーカリーがきゅうりドッグを開発などしており、観光の芽は点在している。

より便利な乗車を

そういった観光と同時にやっていきたいのが、DMVの活用だ。
「イベントで車両1台貸し切りなどが出来ればいいですが、公共交通なのでそれは今のところ無理かなとは思います。ただ現状、気軽に乗ろうと思っても乗り方が分からないとか、当日の空席の状況が分かりづらいといった状況があります。既存の予約システムを用いているため仕方ないんですが、これをもっと簡単にしたいなとは思います。スマホでリアルタイムに空席状況が見えて、パッと座席をタップして予約ができるような独自のアプリを作りたいとは思いますね。いろいろなところのご意見をいただきながら、観光に便利で、安心安全に乗れる交通を目指します」

道の駅宍喰温泉。ここから歩いて宍喰駅に行けるとは、ちょっと想像できない

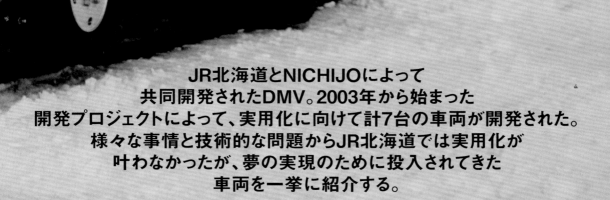

夢の車両が、現実に着地するまで

DMV
車両開発の
変遷

JR北海道とNICHIJOによって
共同開発されたDMV。2003年から始まった
開発プロジェクトによって、実用化に向けて計7台の車両が開発された。
様々な事情と技術的な問題からJR北海道では実用化が
叶わなかったが、夢の実現のために投入されてきた
車両を一挙に紹介する。

901 SALAMANDER

2004年1月に完成した最初のDMVで試験車。中古の日産シビリアン95年製（マイクロバス）を改造して制作された。DMVという構想が果たして本当に成立するのかという検証も含め、様々な試験が行われた。定員は29名。

車両後部がバックパック様に大きく膨らんでいるが、ここには油圧制御用のエンジンなどが積まれている。また、モードインターチェンジシステムも現在と異なり、車両側面からガイドローラーが出て、レール上に車両を導くシステムになっていた。当初はSALAMANDER 901という名称だったが、後にDarwin 901と改められている。

2004年1月28日、JR北海道苗穂工場にて行われたDMV試作車完成のお披露目。工場内に敷設された約400mほどの実験線を走行。写真はバスモードで、モードインターチェンジに進入する手前

車両前面のボンネットと同じくらい大きく張り出している車両後面。後ガイド輪よりも制御装置のほうが後ろに張り出しているのが分かる

鉄道モードでの前ガイド輪。車両前後にガイド輪が出て、後輪内側のタイヤで駆動するというシステムは、当初からほぼ変わっていない。前ガイド輪のアーム付け根に見える小さな鉄輪は、折りたたまれたガイドローラー

バスモード時の後ガイド輪。格納されていても見えるぐらいの位置にあった。左側に見える小さな鉄輪は、折りたたまれたガイドローラー

車両前面。元々のマイクロバスのヘッドライトなどをそのまま活かすためにボンネットの形状が作られているのが分かる

車両背面。油圧用エンジンが積まれているため、通気用のメッシュが開けられている。当初車検を取った時は、ナンバーが913だった

2008年7月1日に920が報道公開されたときの901の姿。車両前横のロゴがDawrin901に変更され、ナンバーも901となった

901の運転席。ダッシュボードなどはマイクロバスのままだが、ミッションの左脇にDMV用の制御装置、シートの右上に制御用の機器が設けられている

落成当初の車内。様々な実験を行うために、通常のシートの多くは取り外されて、ロングシートが置かれていた

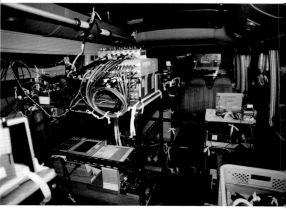

2004年6月24日、苗穂工場内の901。さまざまな試験を行うために、車両内には測定機器などが積み込まれていた

901完成当時のモードインターチェンジ。当初はガイドローラーで車両を線路位置に合わせるため、このような薄い金属板だった

このようにガイドローラーを展開し、車両位置をレールに合わせた。これはミニ四駆のスタビライザーから着想を得たものだとか

鉄輪が下り切ってモードチェンジが完了すると、ガイドローラーは折りたたまれて格納される

鉄道モードに切り替わった901。しっかりレールの上に載っているかどうかを確認

911/912 U-DMV

　2005年8月、901で行われた様々な試験の
データをフィードバックし、また連結を試す
ために作られたのが911/912。輸送力を増強
するために、二両一編成のユニット型として
設計された。

　新車のシビリアン04年製を改造して作ら
れ、試験的営業運転を行うため当初より車検
を取得している。この際、許容荷重不足のた

め、定員が18名となった（試験営業では16人）。

　連結運転は前々、後後、前後の3パターン
それぞれで行えるようになっており、どのパ
ターンが現実的なのか、営業運転で何が必要
なのかを試験している。

　また、901のようなバックパックがないが
これは油圧用の動力を直接メインエンジンか
ら取れるようにしたためだ。

連結型のDMV。試験車である901での結果を
フィードバックし、DMVのプロトタイプと
して開発された。基本的なデザインは901と
同じだが、油圧制御用のエンジンを省いたた

め、トランク部分がすっきりとしている。ま
たボンネットやサイドの塗り分けパターンが
異なる

911のサイド。DMVのロゴ周りが黒く塗り分
けされていて目立つ。トランク下部には連結
装置のためのボックスがある

911と912は基本的に全く同じ車両。901とは
ベース車両が若干異なるため、車両の細部デ
ザインに違いが見える

DMVの機構的に大きく変わったのは、モードチェンジ用のガイドローラーがなくなったこと。これはモードインターチェンジの仕組みの変更によるもの。また、登場時は白ナンバーだったが、後に試験的営業運行を行うにあたって緑ナンバーを取得している

901ではガイドローラーを使ってレール上に車両を導いていたが、911/912ではモードインターチェンジのガイドウェイにゴムタイヤを沿わせてアラインメントを行う。このため従来のモードチェンジより強度が求められ分厚くなっている。写真は浜小清水駅に設けられたモードインターチェンジ

モードインターチェンジを分厚くしたほか、三角ガイドを設けた。車両底面中心に置かれたカメラでこれをモニターすることで、車両をモードインターチェンジのセンターへ運びやすくなった

上：後後での連結パターン
下：前後での連結パターン
一言で連結と言っても、接続の方法で車両の
制御や挙動が変わる。様々なテストを行い、
ソフトウェアの改良を行っていった

108

車両後部のトランクについているボックスを
開けると、連結装置が現れる。単純に車両同
士をつなぐだけではなく、エンジンや油圧の
制御、ドアの開閉に至るまで伝達されている

後後の連結の様子。重量の関係から鉄道用の
重いものを搭載するわけにいかず、独自に開
発された軽量のものを搭載している

後後の連結部。シルバーのリング状
のもので連結されているのが分かる

前後の連結の様子。左側の車両911のボンネ
ットから、連結用のリングが出ているのが分
かる。前後連結の場合、911、912どちらが
先頭になっても走行できるようになっている

920 Darwin

2007年12月よりトヨタ自動車グループの開発協力が決定。ベース車両を『コースター』に改めての開発が開始され、2008年6月に完成し、7月1日にJR北海道の苗穂工場にて報道公開が行わた。同7日より開催される洞爺湖サミットのビジターセンターにて、一般公開され、鉄路/道路の試乗走行が行われた。

これまでのDMVと異なり、全長約8mのロングボディ車を改造したため、定員が28名となっている。この他、車体とシャーシ間に防振ゴムを加えて乗り心地を向上。また、この時点でDMVの名称がDarwinへと変更されている。920は車検は取っておらず、ナンバープレートがない。また連結システムも非搭載。

走行安全性などの基礎研究開発のために制作された920。当初より車検の取得は考えられていない

鉄道モードでの正面。以前のシリーズと異なり、ヘッドライトがボンネットにつけられている

道路モードでの正面。ナンバープレートの位置には、車両番号と試運転の文字が刻まれている

定員数の多いロングボディ車のため、以前の
DMVと比べても車両長が75cm長い。またボ
ンネット部分も若干長くなっている模様

車両背面。連結システムを導入して
いないため、トランク部分はすっき
りとしている

運転席。左端にあるのはDMVの制御用のコンピュータシステム。シフトの左側にあるのが、モードチェンジをはじめDMVを制御するためのパネル

制御パネル。各種モードほか、前後ガイド輪や前輪などの個別の設定ボタンなど。このほか、油圧システムの温度モニタなどがついている

座席の様子。コースターの座席のままで、補
助席がついている。定員は28人となっている

920よりDawwinと愛称が改められたDMV。
線路と道路を模したロゴと、キャラクターが
描かれた

従来は慎ましく『DMV』のロゴが入ってい
たが、920では車両側面に大きくDMVのステ
ッカーが張られた

921/922/923 Darwin

2009年3月に完成した標準ボディを採用した921。基本的なデザインは920と同様だが、92xシリーズでは唯一車体長が窓1つ分短い。写真はGPSのテスト用ユニットを搭載している

ロングボディ採用の922。2010年3月に完成。920と同様のボディだが、ボンネットとトランク部に連結用のシステムが搭載されている点が大きく異なる

実用化を目指すために開発されたシリーズ。2008年6月より、NEDO（新エネルギー・産業技術総合開発機構）との共同研究がスタート。25人以上の定員確保をしつつ、省エネルギーのための軽量化、鉄路/道路走行時の振動対策、連結運転システム、省エネのための惰行運転システムが研究された。

大きな特徴は921/922/923による三重連できる連結システム。ただし自由な連結を行えた911/912とは異なり、連結方向は前向き固定。また921は標準ボディ車で作られ定員が25人だが、922と923はロングボディ車のため定員が29人となっている。単車及び連結運転での線路走行（速度75km/hまで）、道路走行とも走行安全性には問題がないことが確認された。車体振動については、911/912と比較して線路走行での上下振動で35％以上、道路上でのピッチングで30％以上を改善。

2010年8月に923が完成。低コスト運転（惰行運転）システムを搭載。写真は921/922/923の3両。Darwinのロゴは、920のものと似ているが、若干異なっている

後部トランクに飛び出している箱状のものは、連結器関係のもの。車両のレイアウト上、911/912のように内蔵出来なかった

ダッシュボード周りのレイアウトは920シリ
ーズと異なっているほか、DMVの制御パネ
ルも全く異なるものが搭載されている

中央にあるのがDMVの制御パネルだが、従
来のものと代わってタッチパネル式のものを
採用。左手前にあるものは、車両に搭載され
たカメラ用のモニタ

921の車内。標準ボディタイプのため、座席
が1列少ない。定員は25名となっている

当初は入口にステップはついていなかったが、
後に改造されドアの開閉とともにせり出すよ
うになった

921/922/923は三重連できることが特徴。鉄道としては、各車両を行き来できる貫通扉がないと連結は許されないが、DMVでは各車両をカメラでモニタするなどして安全性を確保しようとしていた

三重連時の先頭車両は決まっておらず、どの車両をどう接続してもいいようにテストが行われた。写真は923が先頭で、921が真ん中、922が最後尾の連結パターン

ボンネットを開けると連結器が内蔵されてい
る。連結器の上左右にある丸いシリンダー状
のものが制御信号を伝達するためのプラグ

連結の様子。機械的な連結部分は、基本的に
911/912と変わっていない。軽量化が考えら
れた連結システムだ

走行試験・実

2004年に最初のDMV試験機である901が誕生して以来、
JR北海道では様々な場所でDMVを試験走行し、
鉄路と道路を走る車両で起こりうる様々な事象の
データと経験を積み重ねた。
そして、北海道以外の場所での実証実験や
試験的営業運行を実現している。
ここではそれら積み重ねた日々を振り返る。

走行試験／実証実験

昼間、実際に営業に使っている線路を使いDMVを走行させる試験や、乗客を乗せて運行する実証実験などがさまざまな場所で行われた。

2004年 札沼線 石狩月形～晩生内

DMVが初めて営業路線の線路上を走った夏季走行試験（6～8月）。石狩月形から鉄道モードで晩生内へ向かい、復路はバスモードで石狩月形へ向かった

2004～2005年 日高本線　様似～浦川、静内～蓬栄

12月～3月にかけ、冬季走行試験を実施。耐寒性能や耐雪性能などを検証した。こちらも往路は鉄路、復路は道路で走行

証実験の日々

2005年 石北線 北見～西女満別～女満別空港

911/912の連結による公開試運転。北見～西女満別は鉄道モード、西女満別から空港はバスモードで走行し、空港アクセスへの利便性をはかった

2006年 釧網本線 浜小清水～藻琴

翌年の同区間による試験的営業のためか、深夜に走行試験が行われていた。写真は12月22日のもので、浜小清水駅にモードインターチェンジが組まれた

2007年 岳南鉄道 岳南原田～市場踏切

富士市の市政40周年記念として、1/14と1/21に実証運行を実施。岳南原田から市場踏切の往路を鉄路で、復路を道路で走行。1日5便で運行された

2007年 釧網本線 浜小清水〜藻琴

試験的営業運行を4月〜11月に実施。1500円の旅行企画商品として販売された。浜小清水から藻琴まで往路を鉄路で、復路を道路で走行

7月からは原生花園や藻琴湖を巡るルートで運行している

2008年 南阿蘇鉄道 高森〜中松

3月20〜22日の3日間、高森〜中松間は鉄道で、その前後をバスモードで阿蘇山や白川水源などの観光地巡りルートと、地域周回ルートの5ルートで運行した実証実験

2008年 釧網本線 浜小清水〜藻琴

前年に引き続き4〜11月の土日祝に、試験的営業運行を行っている

2009年 天竜浜名湖鉄道
三ヶ日〜西気賀

1月31日〜2月2日の3日間、三ヶ日から西気賀まで鉄道モードで進み、その後はバスモードで観光地など複数のルートを巡り三ヶ日に戻る形で実証実験が行われた。写真は前年10月の走行試験時のもの
(c)毎日新聞社/アフロ

2010年 明知鉄道
岩村〜明知

3月20〜22日の3日間、岩村から鉄道モードで明知まで行き、そこからバスモードで岩村に戻るルートと、観光地を巡る2つのルートで実証実験が行われた
(c)読売新聞/アフロ

2012年 阿佐海岸鉄道 宍喰〜牟岐

2月10〜12日の3日間、宍喰から牟岐までバスモードで行き、そこから鉄道モードで宍喰車庫。再びバスモードで観光地を巡り宍喰駅に行くルートで実証実験が行われた

2008年 洞爺湖

洞爺湖サミットの期間、環境省洞爺湖ビジターセンターの駐車場に設けられた約40メートルの専用線と、道路面を走行。7月12〜27日の間の土日祝に試乗会が行われた

2010年 小樽市総合博物館

11月28日にDMV体験乗車会が開催。『SLしづか』と対面するような形で運行が行われた

夜間
走行試験

実際の線路を使った走行試験が出来るのは、列車の営業運行が終了した後の夜間のみ。限られた時間の中で、様々な路線を走り、データを蓄積しながら開発が行われていた。

2006年4月の札沼線で行われた走行試験の様子。911/912による連結走行のテストが行われた

同じく5月の札沼線。こちらは背面同士の連結試験の様子

2009年5月、夕張末広町あたりで試験を行っていた921。ドアを開けてなにやら検証している模様

2010年7月。石勝線の沼ノ沢で行われていたDMV92シリーズの三重連テスト

こちらも三重連のテスト。2010年9月の石勝線の南清水沢〜清水沢間の様子

2011年3月に行われた夜間走行テストの様子。前ガイド輪に大きなスノープラウが取り付けられている

レール/ロードシス

現在、世界中で日本でしか運行されていない、
鉄道/道路を行き来できる車両。
しかし過去を振り返ると、様々な国で
様々なアプローチがとられていた。
ここでは、営業用車両として
開発されたさまざまな
レール/ロードシステムを紹介する。

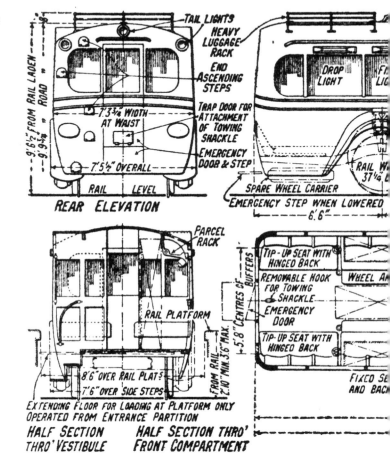

鉄路と道路を行き来できる車両（レール/ロードシステム）というコンセプトは、誰でも一度は思い描くことのできるものだろう。実際、自動車そのものを最小限度の改造で簡易な鉄道車両にすることは、世界中で無数に行われてきた。となれば、もう一段階の改造で実現できそうな気がするのも無理はない。

実際、軌陸車という事業用車両としてはすでに実用化されている。しかしこれはあくまでも荷物を運ぶためのシステムであり、乗客を安全に運ぶための乗り物ではない。

旅客用車両として実現するには高いハードルがあり、鉄道の開闢以来約200年の時を経ても、容易には実現できなかったのである。

しかし世界を見渡すと、わずかながら旅客用として営業運行を行っていたものも散見される。ただいずれも長期の運用ではなく、現在まで残っているものはない。

道路走行のため、ステアリングなどの自動車の機能を完全に備えつつ、鉄道も支障なく走れる仕組みと安全性が求められるためだ。また、モードの変更時は乗客を乗せたままいかに短時間に行えるかもカギとなる。これらを満たしつつ、開発費などの問題をクリアしなければならないわけで、実現まで時間がかかったのもうなずける。

●

1931年 イギリス
London, Midland and Scottish Railway
（LSM鉄道ロンドン・ミッドランド・アンド・スコティッシュ鉄道）
ROAD-RAILER

●

世界で初めてレール/ロードシステムを実用化したのが、イギリスの『Road-Railer』だ。

見た目は箱型のバスだがホイールにゴムタイヤと鉄輪の2つがついており、バスモードではゴムタイヤで、鉄道モードではゴムタイヤを車軸からずらして固定し、車軸直結の鉄輪だけで走行する。モードチェンジにあたっては、BUILT-UP-TRACKと呼ばれる線路の踏切板のような部分から走行してレール上に降り、手作業で4輪のゴムタイヤを格納する。1輪あたり2人がかりで1分ほどかかったという。

貨物機器輸送メーカーであるKarrier（カーリア）が開発した車両で、1930年にLMS鉄道のRedbourd

テム開発の軌跡

ROAD-LAILERの形式図
(『鉄道時報』昭和6年6月6日号より)

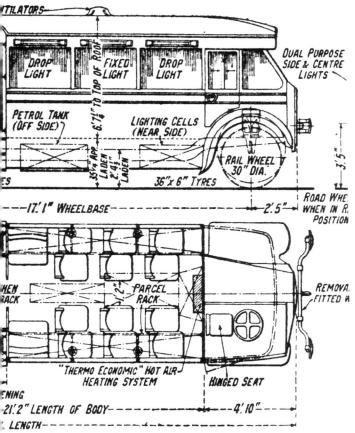

LMS鉄道支線でテスト中のROAD-RAILER
(THE HISTORY OF THE GREAT WESTERN
A.E.C DIESEL RILCARSより)

貨物用ROAD-RAILER。
上は路面上で、下は軌道上。ゴムタイヤがどのように
引き上げられているかがよくわかる
(THE HISTORY OF THE GREAT
WESTERN A.E.C DIESEL RILCARSより)

　～ Hemel Hempsted間の支線と道路でテスト走行が行われた。

　翌1931年1月22日には、StPancras ～ Redbourd間にてデモンストレーション。その後、Blisworth ～ Startford-upon-Avon間で数か月ほどの営業運転が行われた。しかし、車両前輪にガタがきて、運行が取りやめになっている。

　この車両そのものは、LNER鉄道（ロンドン・アンド・ノース・イースタン鉄道）が1両導入したほか、オランダの1067ミリ狭軌鉄道会社も購

台車を挿入している様子。車両はジャッキで持ち上がっている
（EISENBAHN KURIER SPECIAL DIE
SHIENENBUSSE DER DB-VT95/VT98より）

このような形で台車が挿入される
（PARADE-EXPRESSより）

Schienen-Straßen-Omnibus 790
（Triebwagen deutscher Eisenbahnen Band 2:VTund DTより）

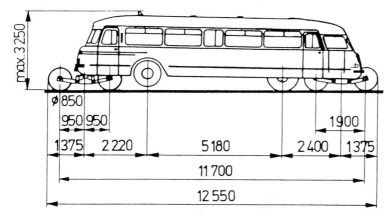

入。オランダのものは２年ほど使用されたのちに運用休止となり、1945年に道路専用のバスとして運用されたものの、３年後に解体されている。

　カタログスペックは、立ち席なしの定員26人、エンジン出力120馬力、自重7.2トン、最高速度は道路96km／h、鉄路120km／h。ゴムタイヤは42インチ、鉄輪は946mmの狭軌用だが、2000mm以上の広軌にも対応可能とのことだ。

　このほか、貨物用のトラックや、実際に製造されたかは不明だが３トン積みの無蓋貨車トレーラーなどもカタログには記載されていた。

●

1953年　西ドイツ
Deutsche Bundesbahn
（ドイツ連邦鉄道）
Schienen-Straßen-Omnibus

鉄路を走行中のSchienen-Straßen-Omnibus
（EISENBAHN KURIER SPECIAL DIE
SHIENENBUSSE DER DB-VT95/VT98より）

鉄路走行時、鉄輪ではなくゴムタイヤで駆動させようとした車両がドイツの『Schienen-Straßen-Omnibus』だ。

　ゴムタイヤの前輪は車両側面と同じ位置だが、後輪はレール幅に合わせるように車両内側に配置されたバスというのが特徴。鉄路走行時は車両の前面と背面にそれぞれ特殊な台車を接続しバス前輪を浮かせ、後輪を駆動輪として走行する。モードチェンジする駅で台車を着脱するため、道路走行時に死重となる鉄輪を持ち運ばなくてよいのも特徴だ。

　台車の着脱には、まず車両が線路上に進入。車両下部前方にある油圧ジャッキで車両前方を持ち上げて台車を装着。次に車両下部後方にある油圧ジャッキで車両背面を持ち上げ

て台車を装着する。道路から線路のモードチェンジに4分、逆に2分を要したという。

　ドイツ連邦鉄道の発注で、NWF（Nordwestdeutscher Fahrzeugbau）が1951年〜1952年にかけ既存のバスを改造して開発。鉄路を120km/hで走行できたため、1953年〜1955年に量産車が50両発注されたが、鉄道・道路直通に用いられたのはピークの1955年でも15両にとどまった。

　当初投入されたのは、バイエルンの森の中を走るCham〜Passau間の142km。Cham〜Kotztingの22kmが鉄路、Kotzting〜Bodenmaisの26kmが道路、Bodenmais〜Grafenauの46kmが鉄路、Grafenau〜Passuの46kmが道路という、車両の特性を最大限に生かしたようなルート

だ。ただし、途中のZwieselはスイッチバックしなければならないのにターンテーブルがないため、一度車両をバスモードに戻して向きを変え、再び鉄道モードで載せ替えている。結果、1運行に5回のモードチェンジが必要だったため、配属する3両のために7組の台車が用意されていた。全行程の所要時間は5時間半で、評定時速は26km弱だ。

　最後まで運行されていた線区はKoblenz〜Engers〜Betzdolfの86.5kmで、鉄路は中間の55.8kmだった。

　利便性の高い運用を考えていたようだが、実際に営業運転を行うと、冬季積雪時にトラブルに見舞われた。雪のため、レールとゴムタイヤの摩擦力が減り、砂をまいたとしても満足に走行できなかった。また路面でも雪に対応するためチェーンを装着

しなければいけないが、レール上では外さなければならない。この手間があったため、最終的に道路のみで走行したこともあった。

その後、道路整備が進み、鉄道・道路を直通する意味が薄れていき、1960年以降には3両となり、1967年には廃止されている。現在は1両のみ動態保存されている。

カタログスペックは、定員43人、エンジン出力118馬力、自重13.5トン。最高速度は道路80km／h、鉄路120km／h。両サイドの前後に扉があり、乗降時には折り畳み式のステップが出た。また石油暖房が装備されていた。

1995年 ブラジル
TECTRAN
BISBUS

サンパウロ州のバス製造会社であるTECTRAN（テクトラン）が開発した『BISBUS』は、通常タイプのバスの下部から鉄輪を出し、線路内を走行するものだ。同様システムのバスは、鉄鉱石の採掘場などで既に稼働していたとのこと。

鉄輪で駆動させるが、その駆動力はバス後輪のゴムタイヤから得ている。

ブラジル南東部のパラナ州União da Vitóriaと、すぐ隣のサンタカリナ州Porto União間をつないでいたが、あまり長く営業運転はされなかったようだ。

定員73人、鉄路では50km／hで走行したという。

1962年 日本
日本国有鉄道
アンヒビアンバス

Schienen-Straßen-Omnibusをお手本として、国鉄が開発した車両が043形特殊自動車『アンヒビアンバス』だ。試験走行まで行われたが、実用化はされていない。

道路上では普通のバスとして走行し、鉄路上では車両前方と後方それぞれに台車をはかせる形だ。ただし駆動輪は、Schienen-Straßen-Omnibusと異なり鉄輪。前部台車の後ろ側を駆動させる形だ。

駆動力はバスのリアエンジンから、いったん車両中央の補助変速機に導いており、ここで鉄道とバスの駆動を切り替える。バス駆動の際はプロペラシャフトを介してリアに駆動力を伝達し、鉄道駆動の際はやはりプロペラシャフトを介して前部台車へ駆動力が伝達される。接続は、台車を車両に挿入後、台車の減速機のスプラインをシャフトにはめ込み、ブレーキホースをつなげる形だ。

モードチェンジにあたっては、当初油圧ジャッキが組み込まれた特設ランプに乗り上げてリフトで車体を上げ、乗客を乗せたまま約5分で台車を着脱できた。後に、バス本体に油圧ジャッキを搭載するよう改造されたとのこと。鉄輪は、着脱時の上下移動を最小限にするため、路面電車用の600mm径のものを流用している。

1962年5月に水郡線の常陸太子

台車を装着したアンヒビアンバスのリア部分。
車両と台車の様子がよくわかる

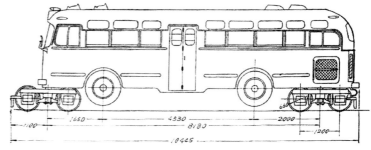

043形特殊自動車形式図
（『JREA』1962年6月より）

軌道走行中のAXT895
（RAIL MOTORS AND XPT Sより）

転路作業中のAXT895。
軌陸車のように転車台を装備していたのが分かる
（RAIL MOTORS AND XPT Sより）

〜上小山・西金間、常陸太子〜常陸鴻巣・上菅谷〜水戸間、常陸太子〜里白石・磐城石川・野木沢間で第1次性能試験を行った。ついで11月30日〜12月4日に東北本線の盛岡〜好摩・岩手川口間、山田線の盛岡〜宮古間、岩泉線の宮古〜浅内間で第2次性能試験を実施。1964年3月に山田線の宮古〜千徳間、岩泉線の宮古〜浅内間で第3次性能試験が行われている。

定員は、座席35人、立席26人、乗務員2人の計63名。車両重量はバス時7.9ｔ、鉄道時13.3ｔ。最高速度は道路99km/h、鉄路89km/h。乗降扉は左側は既存のものを、右側は非常用扉を活用し、車体幅が狭いためステップが出る仕組みとなっていた。

1969年 オーストラリア
New South Wales Government Railways（ニュー・サウス・ウェールズ州政府鉄道）
RAIL/ROAD AXT895

ゴムタイヤによるリア駆動だが、鉄輪を車両に内蔵し、鉄路走行時のみ鉄輪をレール上に出して走らせようとしたのがオーストラリアの『RAIL/ROAD AXT895』だ。こちらも試験走行はされたが、実用化はされなかった。

仕組みは現在の軌陸車とよく似ていて、線路に対して直角に乗り上げたのち、車両底面の油圧ジャッキで車両を持ち上げて鉄輪を出した後、

人力で90度回転させてレールに乗せる。

1969年にAresco Trak Chiefによって開発され、メルボルンでデモンストレーションが行われた。その後、2年ほど各地のローカル線でテストが続けられたが、ゴムタイヤがレールに適合しないなど結果は芳しくなく、1971年8月にお蔵入りとなった。

スペックは、定員17人、背面の観音開きの扉から手荷物室へアクセス可能、自重11.9トン、速度は56km/h。

1945年以前 日本
日本帝国陸軍
100式鉄道牽引車

こちらは営業用車両ではないが、

道路と鉄路を行き来した戦時中の車両。

ソ連との戦闘に備えた軍備用として開発され、1524mm／1435mm／1067mm／1000mmの各軌間に対応するものとして、軍用貨物自動車をベースにしている。

これは鉄路を走行するのが本来で、敵によって線路を破壊された際に、鉄輪を上げてキャタピラを装着し装甲軌道車、あるいはゴムタイヤを装着して鉄道牽引車となるものだった。ただしそのチェンジには数人がかりで40分ほどを要したという。

※本原稿は、湯口徹氏による『レール/ロードの試み』（鉄道史料第79号）をベースに、新情報などを加え、本書向けに再構成したものです。

100式鉄道牽引車。エンジンはいすゞ空冷ディーゼル。
転路用ジャッキは手回しウォームだった。写真は1960年9月17日

131

事業用のデュアルモードビークル
軌陸車

線路の上を走るのは旅客用の車両ばかりではない。
線路や架線のメンテナンス、駅ホームの改良や新設などなど、
鉄道路線を維持発展していくための車両、
いわゆる事業用車も走行している。
その中でも、道路と線路を行き来できる車両を軌陸車という。
作業拠点や工場からメンテナンスや改良用の資材を積みこみ、
現場近隣の踏切から線路に乗り入れて現場に直行、
といったプロセスを実現する専門車両だ。
ここでは、AKTIOの軌陸ダンプを中心に、
さまざまなタイプの軌陸車を紹介。

転車台付き軌陸ダンプの変形プロセス

　軌陸車の基本的な仕組みはDMVとよく似ている。基本的に一般道を走る車両の下部に鉄輪をせり出す装置がついており、鉄輪を駆動させて走行する。DMVと最も異なる点は乗客の有無だ。安全性に関しては、ドライバーとその周囲に確保できれば良いので、DMVと比べると簡単な機構で線路と道路を行き来できる。一方で、いかに作業を素早く安全にできるかが求められるという面もある。

　ここではアクティオの軌陸ダンプの変形シーケンスを紹介しよう。

まず踏切などから、線路面へに垂直に進入する

車両下部にある転車台のレバーを操作して転車台を下ろす

地面に着くあたりで、レール中心の位置調整などを行う

そのままジャッキを伸ばし車体を持ち上げる

車両を手で押してぐるっと回転させる

回転中の様子。転車台によって完全に車両が浮いているのが分かる

レールと平行になったところで止める

レールと車体が平行になった状態を横から見たところ

鉄輪を下ろす。どちらからでも行えるが写真は後ろから

前側の鉄輪も下ろす

転車台のジャッキを縮めてレールに鉄輪を下ろす

転車台をしまって変形完了

ちなみに転車台を使わず直にレールと並行に車両を置き、鉄輪を引き下げる「直乗せ」も行える

写真の車両は標準軌用だが、アクティオでは狭軌用や、中間軌などにも対応するユニバーサル車両も用意している

アクティオ独自のドライブシステム。ダンプのタイヤの動力を利用して中間輪から直接、鉄輪に駆動力が伝わる

このドライブシステムの開発によって、アクティオの軌陸ダンプは軽量化され、積載量が上がっている

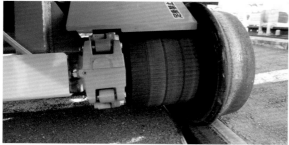

ゴムタイヤの減りなどによって、中間輪の押し付け強度が変わり、常に一定の駆動力が得られるようになっている

前輪には駆動系はない。小さいが非常にパワフルで、転車台を使わなくても直に鉄輪を起こしてレールに乗ることが可能だ

格納された転車台。ドライブシャフトの下に位置している

軌陸コントロール部分。転車台の上下や回転、鉄輪の上げ下げなどを素早く行える

独自構造を持つ
軌陸ダンプの仕組み

　建設機械のレンタルを行っているアクティオは、2013年に鉄道事業部を立ち上げ、自社で軌陸車を製造しレンタルを行っている。それまではメーカーから購入してレンタルを行っていたのだが、お客さんからの軌陸車に対する要望の多さ、まだまだ機械化が進んでいない分野であることから、独自開発を始めたという。

　アクティオの強みは独自の走行体だ。車両後輪の駆動力を鉄輪に伝達する独特の仕組みで軽量化を達成。転車台つきの軌陸ダンプで積載量2.8 tを実現している。多くの軌陸車は油圧モータで駆動するが、万が一の事故の場合は軌道上に大量の油をまいてしまうことになる。アクティオの構造は走行に油を使わないため、ホースなどが切れて油漏れを起こしても最小限で対処できる。また自社で工場を備えているため、顧客の要望をフィードバックしてより良い製品に改良していくことが容易となっている。

トラックの荷台を上げたところ。転車台の油圧ジャッキや油圧タンク、各種コントロールなどがぎゅっと詰めこまれている

ベースフレームの上にサブフレームを乗せて、その上で様々な機材を搭載している

車内。基本的には普通のトラックだが、ダッシュボード左に安全をチェックするモニタがついている

チェックモニタ。各鉄輪の状態や転車台、ブレーキやランプの状況などを確認できる。またタッチパネルとなっており、非常スイッチや回転灯などの操作も可能

アクティオのトレーニングフィールド

　アクティオにはトレーニングフィールドという、軌陸車の訓練習熟に向けた施設が全国に8か所置かれている。取り扱いの難しい軌陸車を安心安全に使うための訓練場で、基本的な操作から、トラブル発生時にどう対処するかなどを実際の線路とほぼ同じ規格の上で行える。

　顧客の社員教育や安全大会の場として使われるほか、自社の営業マンや整備員に軌陸車を習熟してもらうためにも使われる。各所平均で60メートルの路線だが、三重いなベテクノパークでは、70メートルの路線に加えR200のカーブ（カント20mm）、東海道本線と同様の仕様になっている。

東京DLセンターのトレーニングフィールド。線路長は60メートルで、傾斜は15パーミル

さまざまなタイプの軌陸車

　軌陸車といっても、そのタイプは様々。荷物を運ぶダンプ系が目立ちはするが、クレーンがついたもの、高所作業車、バックホウ、牽引車、除雪車と活躍の場に応じて様々な車両がある。

　また既存車両を改造したものから、アタッチメントとして軌道走行用ガイドローラーが用意されているもの、カスタムで作られているものなど、成り立ちも様々だ。

　ここではそんな軌陸車の一部を紹介していく。

アクティオとは機構が異なるタイプの軌陸ダンプ。ゴムタイヤ後輪の駆動を得る点は同じだが、鉄輪への伝達はチェーン

サイドから見た状態。鉄輪によって、ゴムタイヤは前輪も後輪も浮き上がっている

山形新幹線工事の際に使われていた標準軌用の軌陸車。現在はJRの軌陸車で禁止されている後輪ゴムタイヤ駆動だ

高所作業車。車両の安定を図るためか、鉄輪が車両前後の位置にしっかり張り出している。後輪ゴムタイヤはスタッドレス

メルセデス・ベンツのオフロードトラックである『ウニモグ』の軌陸車。京王電鉄では2021年に引退している

バックホウなどの作業用重機にも、軌陸車がある。駆動には主に油圧モーターが使われている

NICHIJO製の軌陸両用ロータリー除雪車KBR108Rの富山ライトレール版。鉄輪を引き出して、軌道上の除雪が可能となる

除雪車モード。軌道と路面とを簡単に切り替えられ小回りがきくため、主に路面電車向けに使われている

後ガイド輪を下ろしたところ。デザイン的にも機構的にもDMVと似ているが、ゴムタイヤは浮かない

除雪車であることから、鉄輪の前には大きなフランジャーがついており、レール面に積もった雪を取り除く

前ガイド輪はロータリー装置の後ろに格納されている。レールと接するゴムタイヤはDMVと同様スタッドレス

番外編

アルピコ交通の保線用運搬車『青トロ』。軌道車のように見えて、軽トラを台車の上に乗せただけの車両。見張りや荷物置きとして使われたもので、自走は出来ない

国鉄時代の東北本線で見られた軌道トラック。こちらも軌陸ではなく、ゴムタイヤが取り外されて軌道上を走るための鉄輪に変えられている

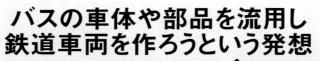

バスの車体や部品を流用し
鉄道車両を作ろうという発想

レールバス
今昔

キハ014

すでに規格化された製品を流用してコストダウンを図ろうという発想は、
非常に現実的な選択肢だ。
鉄道においても、バスを改造してレール上を走らせたものが
かつて地方などでは見受けられた。
その後、バスそのものの改造ではなく、
エンジンやフレームなどの部品を鉄道に流用することで
コストダウンを図ろうとするプロダクトが登場する。
それがレールバスだ。

鶴居村営軌道

殖民軌道幌呂線・雪裡線は根室本線の新富士駅を起点としていた。1941年に初代木炭カーが作られ、後に阿寒バスの中古バスを改造したバス改造木炭カーも登場している。これらはガソリンが再び手に入るようになるとガソリンカーに戻った。1956年に念願の自走客車と呼ばれるディーゼルカーが導入され、徐々に役目を終えたようだ

バスを改造した車両

　日本にガソリン自動車が輸入されたのは明治半ば。乗合バスが誕生し、少しづつ欧米からバスやトラックなどが輸入され、国産製造も始まっていった。大正期にはガソリンエンジンのトラックに鉄輪を履かせた気動車の試作車が登場。一方、地面と軌道を両方走れる軌陸車は、陸軍の装甲軌道車などが割と古くから作られていたようである。

　初期投資費用が安く済んだガソリンカーは簡易軌道などでよく採用され、エンジンや変速機を自動車部品から流用し、鉄道用車体に組み込んだ車両が数多く登場した。これらの車両は片運転台でボンネットがあったり、どことなくフォルムが自動車っぽいものもあり『単端式気動車』とも呼ばれた。

　トラックそのものに鉄輪を履かせた車両は様々あったようだが、バスに鉄輪を履かせて営業した例は少ない。そんな希少な例の一つが『木炭カー』だ。1941年10月に北海道の殖民軌道幌呂線と雪裡線（後の鶴居村営軌道）に、日産札幌支店からバスを購入してタイヤを鉄輪に履き替えた車両がそれだ。この殖民軌道は軌間762mmの簡易軌道で、それまでは馬車で走っていた路線だ。しかも湿地帯を走ることもあり線路状態は悪い。馬車より重い木炭カーは脱線の危険もあり、馬車に逆戻りした時期もあった。

　戦後の例では、熊本県の山鹿温泉鉄道がある。水害の被害により新型車のキャンセルを余儀なくされ、代わりに大阪市交通局から2台の中古バスを購入し、鉄輪に履き替えて使用した。この車両は国鉄のレールバス登場後だったこともあり、車両竣工図にもレールバスと書かれていた。こちらは1067mm軌間で使われている。以降、バスを改造した旅客鉄道車両の営業運行は、2021年のDMV93形まで登場していない。

　なおバス改造のレールバスは片運転台のため、終点では転回しなければならず、転車台や三角線などを作って転回できるようにしていたようだ。

山鹿温泉軌道
キハ101形

1955年3月に国鉄西鹿児島工機部で改造されたキハ101形。大阪市交通局で使われていた進駐軍からの払い下げバスがベースだが、元々は軍用トラックだったもの。床下に油圧ジャッキを取り付けて終点での方向転換に備えている。車体長7620mm、自重7.61t。以前より走行していた気動車と共に運転されていたようだ

山鹿温泉軌道
キハ102形

キハ101形に半年ほど遅れて自社で改造されたキハ102形。同じく大阪市交通局からの払い下げだが、こちらはキャブオーバー型車となっており、若干定員も多い。車体長7420mm、自重6.5tとなっている。これら2両は週刊誌などでも取り上げられ話題になったようだが、水害に襲われ路線が休止され廃止となり、2年ほどで役目を終えた

**キハ01形
（キハ10000形）**

当初はキハ10000形だが、後にキハ01形に改称。車両両端に乗降ドアがあり、側面窓はバス用のもの。機械式変速であったことから、重連運転をする際は両方の車両に運転士を乗せた。試作車も兼ねた4両が製造された後、さらに8両が製造された。この8両には寒地向け対策がなされ、その後キハ01形50番代に改称された

国鉄レールバス

　1948年頃、ディーゼルエンジンを搭載したバスが登場した影響で、国鉄ローカル線は客離れを起こして深刻な問題となっていた。

　そんな中、欧州視察した国鉄の長崎総裁は、西ドイツやフランスで使われていた小型2軸ディーゼルカーに注視。ローカル線経営効率化の切り札になると考え、帰国後にすぐ研究を指示。しかし国鉄工作局は、輸送改善には液体式の大型ディーゼルカーが先決と考え導入に消極的。運転局サイドも、閑散線区でも最混雑時にはそれなりの乗客数があり、定員50名強の車両では足りないし、大型車の方が有利と考え、消極的だったという。しかし一刻も早くローカル線経営改善したい総裁の意向で、試作が始まったと言われている。

　国鉄レールバスは西ドイツのシーネンオムニバス（VT95）を手本として設計され、当初はレールカーと呼ばれていた。バス用部品を極力流用して小型軽量で価格を安くすることを念頭に設計され、足回りは車体と台枠を直結した構造としている。

　最初に製造されたのはキハ10000形（キハ01形）で、東急車輌製造で作られた。車体長は10900mm、最大幅は2632mm、車高は3051mmで自重10.5t。主な特徴としては軽量化のため従来の気動車では外板厚が1.6mmのところを1.2mmと薄くした他、エンジンやクラッチ、変速機、推進軸などは日野ヂーゼル工業（日野自動車）のバス『ブルーリボン』部品を流用。その他の部品も自動車用を手直しするなどしてコストダウンを図っている。

　当初は、戦中に不要不急線指定されてレールが剥がされた白棚線（白河〜磐城棚倉）で使う予定だった。しかし、レールバス導入ですら赤字予想となり、線路敷をバス専用路化したため話は流れてしまう。次に、東京近郊で最も経営状況の悪い木原線に導入し、大増発して収支改善する計画が持ちあがり相模線で試運転後、1954年9月1日にデビュー。しかし、本数が増えたことで利用客も増え、定員の少なさが問題となった。

　レールバスは評判となり旭川局内の閑散線区にも導入されたのを皮切りに、1956年までに仕様を変更したキハ02、キハ03形が登場。道内各地や本州から九州まで様々な閑散路線で使用された。しかし、車体などの耐用年数を犠牲として軽量化をはかっていたため老朽化も早く、登場から10年ほどで廃車が出始め、1969年までに全車廃車となっている。

キハ02形
（キハ10000形3次車）

運転士が集札程度の客扱いをする予定でキハ
10000形の両端にドアが配置されていたが、
労働組合側がそれを拒否したため、扉は中央
1カ所へ変更。また運転台の位置が中央から

左側へ移り、屋根板の厚みが0.9mmへと薄
くなっている。17両が製造され暖地形が中
国・九州地方に寒地形が北海道へ配置。構造
が大きく異なるためキハ02形に改称された

キハ03形
（キハ10200形）

道内へレールバスを増備するため、本格的な
極寒地仕様にした車両。キハ02形と同様に
ドアは中央1カ所となっている他、側面窓の
2重窓化などがなされた。20両が製造され、

これにより道内に配置されていたキハ01形
やキハ02形の大部分は本州、九州に転属し
ている。1番が小樽交通記念館に保存されて
いる

**羽幌炭礦鉄道
キハ10形**

1959年3月に私鉄初のレールバスとして製造。車体実長9380mm、実幅2400mm自重9.75ｔ、定員60名。乗降用ドアは車体中央の1カ所だけ。価格は鉄道車両の4割弱で、大型バスの約2倍。閑散時間帯用に導入された車両だが、導入前後に利用客が急増し結局大型車のキハ22形が増備され1966年運行を終えた

富士重工レールバス

　1959年、富士重工が独自のレールバスをリリース。国鉄レールバスはエンジンや変速機をバス部品流用としていたが、富士重工のレールバスは車体などの大部分の部品がバスのもの。車体は同社製バスと同じモノコックボディで、内装もバスそのもの。機械式変速機やバス用エンジン、2軸車である点などは国鉄レールバスと共通している。北海道・羽幌炭礦鉄道用のキハ10形として1両が製造され、その後南部縦貫鉄道用にドア配置や車高が異なるキハ10形が2両製造されている。

　その後、新車導入の際には大型で高級車両指向が強くなったため、レールバスの研究や製造は止まっていたが、ローカル線問題に焦点があたりはじめた1980年に開発を再開。当時現役の南部縦貫鉄道キハ10形を調査し、問題点を改善した試作車として1982年4月に『LE-Car』（Light and Economy Car の略）が登場した。

　第2世代レールバスといえるLE-Carの主な特徴は、安価な車両設計、バスボディの流用（台枠は鉄道車両用）、バス用内装材を使用した内装、連結し総括運転ができるようレー

ルバス初の液体式変速機の導入、乗り心地向上のため板バネから空気バネに変更し2軸ではあるが1軸台車方式の採用、バス用のエンジン、マフラー、燃料タンクなどを流用し、価格を1両3500万円程度に抑えた。

　1984年5月、LE-Carの2両目となる試作車『LE-CarⅡ』が登場。車体構造をモノコックボディから、当時バスで主流になりつつあったスケルトンボディに変更。側面窓を観光バスと同じタイプに変更し、出力強化や冷房化などもおこなわれた。また両端の前頭部はそれぞれ貫通、非貫通構造と作り分けられており、後の名古屋鉄道キハ10形や樽見鉄道ハイモ180形の原型となる。

　このLE-CarⅡは、第3セクター転換された路線などで多く採用され、ラッシュ時の輸送力不足などから車体の大型化やボギー車化などを経て、1993年頃まで製造された。1987年には後継となるLE-DCシリーズが登場。衝突時の車体の安全性問題などもあり、車体構造がバスのものから鉄道車両のものへ変更され、1959年から続いたバス構造車体のレールバスは製造を終えた。

南部縦貫鉄道
キハ10形

開業当初から旅客収入が見込めなかった南部縦貫鉄道は、開業時にキハ10形2両を導入。前後に2つのドアを持ち、羽幌炭礦鉄道のものより出力が強化され車高も50mm上がっている。1962年の開業から1997年の路線休止までバス車体の耐用年数をはるかに超えた35年間現役で走り続けた。現在は旧七戸駅構内で動態保存されている

運転台の様子。バスと同じ機械式変速機が使われていたため、運転席横にはシフトレバー、足元にはクラッチペダルがある。ただアクセルペダルではなく、エンジン出力操作にはマスコンハンドルが使われていた。変速は前進4段後進1段。総括制御ができないため、連結運転する際は両方の車両に運転士が乗った

**名古屋鉄道
キハ10形**

名古屋鉄道の不採算路線輸送改善用として1984年9月23日に投入された、LE-CarⅡ初の営業運転車両。車体実長12000mm、実幅2440mm、高さ3515mm、定員90名。連結

運転を考慮して貫通扉が付いているのが特徴。まずは八百津線、後に三河線に導入。これらの路線ではこれを機に電化設備が撤去されている

**くりはら田園鉄道
KD10形**

名古屋鉄道導入のキハ10形は2軸車であったことからヨーイングなどの問題が発生し、1995年にはボギー車のキハ30形によって置き換えられた。これにより全車廃車となり、

うち2両が宮城県のくりはら田園鉄道に譲渡されKD10形として路線廃止まで運転された。現在、くりはら田園鉄道公園にて動態保存されている

樽見鉄道
ハイモ180形

LE-CarⅡ登場前より発注されていた車両。営業運転は名鉄キハ10形が先だが、竣工したのはこちらが先で次世代レールバスの量産1両目となる。車体実長12000mm、実幅2440mm、高さ3550mm、定員70名で100番代がセミクロスシート、200番代がロングシートになっている

有田鉄道
ハイモ180形

延伸増発用に新たな車両を導入した樽見鉄道では、輸送力の劣ったハイモ180-100を1993年に廃車。それが1994年に有田鉄道へ譲渡されたものがこの車両で、同社初の冷房車となる。2002年末に路線が廃止されるまで走った。現在は終点だった金屋口駅構内に開設された有田川鉄道公園で動態保存されている

三木鉄道
ミキ180形

1985年に国鉄三木線から転換された三木鉄道ではLE-Carを2両導入。前面窓はセンターピラー付きで、樽見鉄道のハイモ180形とは印象が異なる。LE-Carシリーズには乗務員扉の有無や前面、側面窓タイプなどの様々なオプションが用意されており、一見同じようでも細かい差異がある

近江鉄道
LE-10形

全線電化路線の近江鉄道では閑散線区の合理化策として、電化設備の保守経費削減とワンマン化を進めるべく気動車であるLE-10形を導入。1軸台車の2軸車であるがエンジンを230馬力に上げた他、自重も17.3tと最も重くなった。2軸タイプのLE-Carシリーズでは最後の新製車となったが、早々に電車での運転に戻された

北条鉄道
フラワ1985形

三木鉄道と同じ1985年4月1日に国鉄北条線から転換された北条鉄道はフラワ1985形を3両導入した。側面窓やカーテン以外は、ほぼミキ180形と同仕様で登場している。この2社は第三セクター路線としてLE-Carシリーズを導入した2例目となった

紀州鉄道
キテツ1形

2000年に北条鉄道フラワ1985形が譲渡されキテツ1形と改められた。紀州鉄道初の冷房車で、後に1両増備された。営業を行う最後の2軸レールバスとして2017年まで走行し、現在はキテツ1が有田川町に譲渡され、有田川鉄道公園でハイモ180-100などと共に動態保存されている。キテツ2は車籍は残っており、紀伊御坊駅構内に留置されている

明知鉄道
アケチ1

1985年11月16日に国鉄明知線から転換された明知鉄道ではLE-Car初のボギー車となるアケチ1形を5両導入した。車幅が拡がり、車体長も3mほど延長され15mとなっている以外、基本的に従来のLE-Carと一緒。またエンジンはこれまでの180馬力から230馬力に強化。ボギー車LE-Carとしては唯一の非冷房車

樽見鉄道
ハイモ230形

開業1周年のタイミングで1両導入された増備車。明知鉄道アケチ1形と同構造だが、抑速装置は搭載されていない。また2軸LE-Carのハイモ180形と総括運転もできる。その後1992年まで3両増備されたが、乗客用扉が折戸から引戸に変更され、ハイモ230-300形からハイモ230-310形となった

甘木鉄道
AR100形

1986年4月1日に国鉄甘木線から転換された甘木鉄道は開業時にAR100形を4両導入、後に2両増備。九州初の富士重工製レールバスで、ボギー車LE-Carでは初めての非貫通車。

また同じ日に転換された南阿蘇鉄道のMT2000形は一見すると似ているがLE-Carではなく、車体構造もバスではなく、鉄道車両由来

長良川鉄道
ナガラ1形

1986年12月11日に国鉄越美南線から転換された長良川鉄道では、開業時にナガラ1形を10両導入。甘木鉄道AR100形と同じ非貫

通型で、抑速装置も搭載されている。越美南線は72.1kmの路線だが全車ロングシート。また1987年に2両増備している

天竜浜名湖鉄道
TH-1形

1987年3月15日に国鉄二俣線から転換された天竜浜名湖鉄道では、開業時に13両導入。内装の違いからTH1、TH2、TH3形と3形式に分かれていた。前面は貫通型、前面窓周りは黒く塗られており、以降登場した同タイプの車両に多く採用された。後にロングシートタイプのTH4形を増備

名古屋鉄道
キハ20形

LE-Car最初の営業路線であった名古屋鉄道閑散区間だが、増備車は輸送力増強と乗り心地改善のためボギー車を採用。1987年に三河線西中金〜猿投、1990年からは三河線碧南〜吉良吉田にも導入。キハ10形との併結運転もされていた。なおボギー車のLE-Carでは唯一側面窓が観光バスタイプではない

伊勢鉄道
イセⅠ形

1987年3月27日に国鉄伊勢線から転換された伊勢鉄道では、開業時にイセⅠ形を3両導入。長良川鉄道のナガラ1形とほぼ同じ非貫通型で、この非貫通構造を導入したのは甘木鉄道、長良川鉄道、伊勢鉄道の3社だけだった。1989年には貫通型のイセⅡ形を1両増備している

いすみ鉄道
いすみ100形

1988年3月24日にJR木原線から転換されたいすみ鉄道では、天竜浜名湖鉄道のTH1形とほぼ同じ標準仕様のいすみ100形が導入された。後に座席がセミクロスシートからロングシートに改造され、いすみ200形へ改番。ちなみに木原線は国鉄レールバスのキハ01形が最初に導入された路線でもある

真岡鐵道
モオカ63形

1988年4月11日にJR真岡線から転換された真岡鐵道ではモオカ63形を導入。車体自体はボギー車LE-Carだが、エンジンは地元栃木県に工場があるコマツ製250馬力のものを

搭載。現在では鉄道用エンジンとして主流となったコマツが、鉄道用エンジンに参入するきっかけになったともいわれている

わたらせ渓谷鐵道
わ89形

1989年3月29日にJR足尾線から転換されたわたらせ渓谷鐵道では、わ89-100形、わ89-200形などを開業時に導入。ボギー車LE-Carで『こうしん』『くろび』など、それ

ぞれの車両に近隣の山の名前の愛称がついている。当初はツートンの塗色であったが、後に赤銅色に塗り替えられた

信楽高原鐵道
SKR200形

1987年7月13日にJR信楽線から転換された信楽高原鐵道で導入されたSKR200形は、急勾配線区であることから明知鉄道のアケチ1形と同じ抑速装置を搭載している他、エンジンも250馬力と強化されている。従来のリベット併用溶接組立工法（バス車両用）から全溶接組立工法（鉄道車両用）に変更され、屋根が少し高くなっている

レールバスの終焉

1991年5月に発生した列車衝突事故で2両のSKR200形が大破。特に1両は原型を全く留めていなかった。台枠は鉄道車両用とはいえレールバスの軽量車体構造も問題となり、徐々に車体が従来の鉄道車両構造へ戻り、それに伴い価格も上がりレールバスは終焉を迎えた

いすゞ

道路が並走している区間が少ない飯田線の山あいの区間にある、中部天竜駅構内に留置されていた軌道バス。車体はいすゞジャーニーBLD30Nの改造車。車体下部には離線用のレールも見える。この車両は民営化後も使用されており、JRマークも入っている

事業用レールバス

　周辺の道路などが整備されていない区間での保線作業では、簡単に現場へアクセスすることができない。そのため保線作業員や機材輸送のためにマイクロバスのタイヤを鉄輪に履き替えた軌道バスというものが存在した。

　実態は定かでないものも多いが、1978年に国鉄施設局といすゞ自動車で共同開発したものもある。こちらはマイクロバスのいすゞ

ジャーニーを改造し、駆動や制御器は種車のものを利用し、走行輪が鉄輪になっているもので、車体下部には転車台があり、線路から退避させる際は車体下部に携行しているレールを使い離線させていたそうだ。

　この後、道路と線路を走れる軌陸車が主流となり、軌道バスは廃れていった。

ダイハツ

豊肥本線内牧駅に止まっているダイハツSV型ライトバスSV25Nを改造した軌道バス。ダイハツ製のマイクロバスは、トヨタ自動車と業務提携をしたことにより、トヨタ『コースター』と市場が被ることから1972年に生産が終了している

ダイハツ

肥薩線矢岳駅に留置されるダイハツSV型。上と同じく、ライトバスSV25Nを改造して作られた軌道バス。こちらはミラーが外されている他、車体下部に離線用のレールが見える

DMV パーフェクトガイド

2022年6月25日 初版第1刷発行

編者●グラフィック社編集部

発行者●長瀬 聡
発行所●グラフィック社
〒102-0073
東京都千代田区九段北1-14-17
tel.03-3263-4318(代表)／03-3263-4579(編集)
fax.03-3263-5297
郵便振替 00130-6-114345
http://www.graphicsha.co.jp/
印刷・製本●図書印刷株式会社

s t a f f

写真●レイルウェイズグラフィック／奥野和弘
アートディレクション●比嘉広樹
デザイン●小宮山裕／アダチヒロミ(アダチ・デザイン研究室)
企画・編集●坂本章
執筆●レイルウェイズグラフィック
協力●
徳島県／阿佐海岸鉄道／NICHIJO／
AKTIO／同志社大学鉄道同好会OB会

参考文献

『国鉄レールバスその生涯』ネコ・パブリッシング／『自動車工学 1982年7月』鉄道日本社
『線路にバスを走らせろ』朝日新聞出版／『鉄道時報 1931年6月6日号』鉄道時報局
『鉄道史料 第79号』鉄道史資料保存会／『鉄道ピクトリアル 1998年9月号』電気車研究会
『鉄道ファン(各号)』交友社／『走れ!ダーウィン JR北海道と柿沼博彦物語』中西出版
『バスラマ エクスプレス 1996年』ぽると出版／『幻の国鉄車両』JTBパブリッシング
『Rail Magazine 1989年6月号』ネコ・パブリッシング
『RMライブラリー(7号、57号、136号、190号)』ネコ・パブリッシング